清流に殉じた漁協組合長

相川俊

コモンズ

清流に殉じた漁協組合長●もくじ

第1章
命を絶った組合長

小国川と地域をこよなく愛した在りし日の沼澤組合長
（2013年8月4日、小国川漁協前の小国川右岸）
〈写真提供：山本喜浩氏〉

最後の勉強会

「二日前に沓澤さんの自宅で初めて沼澤さんとお会いし、漁業権についていろいろ聞かれました。『権利を持つ漁協が最後まで頑張れば何とかなる、(漁協がダム建設に)イエスと言わなければ大丈夫だ』と伝えました。会合を終えて草島さんの車に乗り込もうとしたら、沼澤さんが車に近付いてきまして、草島さんに『本当にしんどいんだよ』と言うんです。あまりに深刻な表情にびっくりしました。それで、帰りの車中で草島さんと二人で『あれはどういう意味だったのか』と、あれこれ話したのですが、私は、沼澤さんがいままで味方だと思っていた人からも圧力を受けているように感じました。おひとりでかかえこんでしまっているようにも……。その二日後に草島さんから沼澤さんが亡くなったとの電話をいただき、本当に驚きました」

こう語るのは、水源開発問題全国連絡会の嶋津暉之《てるゆき》・共同代表。全国のダム問題に詳しい治水・利水の専門家である。

嶋津さんを会合に招いたのは、山形県が建設を進める最上《もがみ》小国川ダム(山形県最上町)に反対していた小国川漁業協同組合(山形県舟形《ふながた》町。以下、小国川漁協)の沼澤勝善《かつよし》・組合長。山形県との治水対策に関する協議を直前にし、専門家の意見やアドバイスを直接うかがおうとセットしたのだ。

勉強会は二〇一四年二月八日(土曜)の午前中に開かれ、嶋津さんを含め六名が参加した。このうち半数は、沼澤さんはじめ小国川漁協の関係者だ。

「嶋津さんの次の予定もありましたので、勉強会は一時間ほどで切り上げるつもりでした。ところが、沼澤さんが嶋津さんにいろんな質問を重ねまして、結局、昼過ぎまでかかりました。それで出前を頼むことになり、みんなでかつ丼などを食べました」

自宅を会合場所に提供した山形県新庄市の沓澤正昭さんがこう振り返る。最上小国川ダムに反対する住民グループ「最上小国川の清流を守る会」(以下、「守る会」)の事務局長である。

「沼澤さんはそのときも、漁業権の剥奪を恐れていました。私が『それはもう心配ないですよ』と言いますと、まるで〝そんな甘いものではない〟といった厳しい視線を送ってきました。嶋津さんも『大丈夫です』と言っていたのですが、沼澤さんはそれでも不安そうでしたね」

勉強会終了後の夕方、沓澤さんのもとに沼澤組合長から電話が入り、近くまで来たから昼のかつ丼代を支払いに行きたいと言う。沓澤さんが「こちら(「守る会」)で持ちますからいいですよ」と伝えても、沼澤組合長は引かない。ほどなくして沓澤さん宅に姿を現し、漁協メンバー三人分のかつ丼代を置いていったそうだ。それが最後となった。

自死前日の行動

九日の午後、沼澤組合長と長年行動を共にしてきた「守る会」共同代表の草島進一・山形県議(当時)に、沼澤さんから電話が入った。用件は、一〇日に予定されている県との打ち合わせに関してだ。沼澤組合長は、「自宅で資料を広げて明日の準備をしている」と話を切り出し、草島さんに確認やアドバイスを求めた。これまでの県との交渉の中での自分の発言に問題点はないか、ダムによらない治水の代替案を県にどのように提示したらよいかなど、次々に問い掛けてきたという。草島さんは一つ一つの質問に丁寧に答え、アドバイスした。

「漁協側が科学的な案件について詳細を回答する必要はないと思います。問題点を指摘している有識者の同席を、県との協議の中でぜひ求めてください」

だが、沼澤組合長は県のダムによる治水に対する反論を自分の口から話さないといけないと考えていたようで、土曜日に会った嶋津さんの話を咀嚼しながら、「こう言えばいいか」「ああ言えばいいか」と、草島さんに確認をしきりに求めたのである。

電話でのやり取りは延々と続き、一時間半以上に及んだ。草島さんは「沼澤さんはとても張りのある声で話されていて、県の〝ダムありき論〟をなんとしても覆したいという強い思いを感じました」と振り返る。そして、沼澤さんが心労や怪我などで失っていた元気さを取り戻しつつあるように感じ、少しほっとしたことを明かした。

実は、沼澤組合長は一月三日に自宅の階段を踏みはずして腰を怪我し、四日から入院するというアクシデントに遭っていた。漁協のことが心配でならなかったのか、完治しないまま一週間ほどで退院して、まだ間もなかったのである。

夕方になり、沼澤組合長は奥さんに車で一〇分ほどの新庄市まで「ラーメンを食べに行かないか」と声をかけたという。あいにく奥さんの都合がつかず、自宅で夕食をとり、いつもより早めに就寝したという。ところが、翌二月一〇日の午前三時ごろ、自宅敷地内にある納屋で首をつった状態で発見された。家族が一一九番通報し、新庄市内の病院に運ばれたが、間もなく死亡が確認された。享年七七歳。自宅内から、最近の心境などを綴ったメモが見つかったと言われている。

草島さんは午前八時半ごろ、沼澤組合長の家族からの電話で事態を知る。前日の長電話で今後のことを熱心に語り合ったばかりとあって、自分の耳を疑った。どうにも信じられなかったと言う。

沼澤組合長の突然の不幸は、漁協関係者の間に瞬く間に伝わった。二日前の勉強会に参加した漁協メンバーのひとりである青木公《ひろし》・理事は斉藤冨士巳《ふじみ》・副組合長から連絡を受け、大急ぎで沼澤組合長の自宅に駆け付けた。午前一〇時ごろだったという。家の中はひっそりとし、奥さんと娘さんの二人が茫然としていた。「守る会」事務局長の沓澤さんが弔問に駆け付けたのは、夕方だった。沼澤組合長は布団の中で穏やかな表情で眠っているように見えたという。親戚がたくさん詰めかけ、自宅の中は重苦しい雰囲気だったが、沓澤さんの目には組合長が自殺したようには見えなかった。斉藤副組合長は山形新聞の取材にこう答えていた。

「先週木曜日（二月六日）に漁協事務所で組合長と会った。疲れていたが、変わった様子はなかった。（組合長を辞めたいと相談されたことがあるとし）みんなで協力するから頑張ろうと話したのだが……」

強いられた協議会への参加

沼澤組合長が亡くなった二月一〇日は、山形県農林水産部の担当者との打ち合わせが予定されていた。場所は舟形町の小国川漁協事務所で、時間は午後二時半からとなっていた。

実は、ダム建設に反対する小国川漁協は、県が組織した「最上小国川流域の治水対策等に関する協議会」への参加を強いられていた。後述する事情により、協議の場につくことを拒み切れず、引っ張り出されたのだ。その二回目の会合を前に、県の担当者である阿部清・農林水産部次長らが漁協事務所を訪れ、事前の打ち合わせをすることになっていた。その話し合い直前に、沼澤組合長は自ら命を絶ってしまったのである。いったい何があったのか。そして、なぜ、自死の道を選ばねばならなかったのか。

沼澤組合長の葬儀は、二月一二日に新庄市内でしめやかに執り行われた。葬儀には漁協関係者など約一五〇人が参列し、県の農林水産部や県土整備部の職員らの姿もあった。舟形町の奥山知雄《ともお》・町長と漁協の斉藤副組合長、草島県議ら七人が弔辞を読んだ。

まず遺影に向かって語り始めたのは、沼澤さんの古くからの知人でもある奥山町長だった。町長は、小国川が舟形町にとって母なる川であり、地域発展の最大の社会資本であると語り、沼澤組合長の小国川の環境保全や地域発展への長年の貢献を讃えた。そして、亡くなる直前の二月四日に町長室で「小国川の自然環境のあり様や時代の変化など小国川今昔物語を語り合ったのが、（沼澤さんとの）最後になってしまった」と、切々と語った。

　奥山町長の思いのこもった長い弔辞が遺族や参列者の悲しみをより深めたが、なぜかダムのことは一切、触れられなかった。後日、奥山氏に沼澤組合長や最上小国川などについて話をうかがいたいと複数回にわたって取材を申し込んだが、拒否された。

　続いて斉藤副組合長が弔辞に立った。

「まだ信じられない思いです。組合長は人一倍、責任感が強く、何事にも信念を貫いてきました。とくにダム問題では、豊かな自然環境を後世に引き継ぐために、ダムによらない治水対策を貫いてきました。組合長がいたからこそ、ここまでやってこられたのです。組合員の模範でありました。われわれ組合は、その遺志を受け継いで参ります」

　五人目に弔辞を述べたのは、ダムによらない治水を共に主張し続けてきた草島さん。沼澤組合長が亡くなる前日、県との協議に関して電話でいろいろ相談を受けた、守る会の共同代表である。草島さんは故人の人柄と功績を讃えながら、痛恨の思いを語った。

「私が沼澤さんに初めてお会いしたのは、平成一三（二〇〇一）年に山形県が設けた『最上小国川ダムを考える懇談会』です。その懇談会では当時、ダム推進を述べる人が三〇人、ダム反対を述べていたのは沼澤さんを中心に三人。その後に設置された流域小委員会では、九人のダム推進論者に囲まれた中でただ一人、沼澤さんだけが、小国川や赤倉温泉で起きている真実を語り、ダムによらない治水を訴えておられました。

多勢に無勢の説明会や公聴会でも、どんなヤジが飛んでも、誹謗中傷を言われても、ダムによって小国川そのものの力を失うことは、ここを訪れる人、ここに住み続けたいという人の幸福を奪うことにつながるのだと、ぶれない信念をもって、理路整然と、堂々と意見する姿がそこにありました。全国的にも評価を受ける、もっとも優れた漁業振興の方策を先駆け、実践してきたのは、紛れもない小国川漁協であり、その一番の貢献者が、日々川や仲間のことを思い、漁協を導いてこられた、あなたです」

だが、草島さんは葬儀後、愕然とするしかない仕打ちに見舞われた。何者かが県議会や県庁内に「草島たちが（沼澤組合長を）追い詰めた」という話を流布させていたのだ。

小国川漁協はその後、大きな濁流に呑み込まれていく。

組合長の死去が分水嶺に

大黒柱の組合長を失った小国川漁協は、新しい組合長の選出を急いだ。そして、新体制をスタートさせると同時に県との関係を修復し、ダム建設容認へと大きく舵を切った。方針を大転換したのである。沼澤さんの自死は間違いなく、分水嶺となった。

ダムによらない治水対策を求める人たちはさまざまな切り崩し工作にさらされ、急速に勢いを失っていった。ダムをめぐる地域の世論は様変わりし、こんな耳を疑うような陰口さえ広がったのである。

「沼澤組合長は三人に振り回された結果、死を選ぶことになってしまったんだ」

三人とは、弔辞を述べた草島さん、同じく「守る会」共同代表の高桑順一さん、それに事務局長の沓澤さんである。「三人が組合長をダム反対運動に引っ張り回して殺した」と、まことしやかに語る人さえ現れた。それればかりか、沼澤組合長の遺族に電話をかけ、「ざまあみやがれ！」と言い放って一方的に切る人までいたという。

漁協がダム容認を打ち出して以降、亡くなった沼澤さんの家を訪れる漁協関係者は激減し、しだいに話題にすることをはばかるような雰囲気さえ広がっていった。

沼澤勝善さんは、一九三七年一月に舟形町に生まれた。子どものころから自宅近くを流れる最上小国川で鮎の友釣りに興じるなど、根っからの釣り人だったという。新庄北高校を卒業後、地元の郵便局に就職。新庄地区の全逓信労働組合(全逓)のリーダーになり、労働組合運動の闘士として地元で知られるようになる。

その傍らで、小国川漁協の一員としても活動していた。小柄で温厚、柔和な人柄で、弁のたつ理論家タイプ。また、相手が誰であれ、自説を滔々と述べるなど、芯の強い頑固な人だった。ふだんはニコニコしていておとなしい雰囲気だったが、相手が自分と違った意見を述べると、激しくやりこめる一面もある。「自然のままの川を子や孫の代まで残したい」と口癖のように語って、地域のかけがえのない資源である最上小国川を守ることに全力を挙げていた。

沼澤さんは定年前の一九九〇年に郵便局を早期退職し、漁協の理事としてその活動に傾注していく。ちょうどその前後、山形県が最上小国川にダムを建設する動きに出ていた。一九九一年にダム調査委員会を設置し、その四年後の九五年には多目的ダムの建設計画案を作成。調査費を計上して、具体的に動き始めた。だが、流域に漁業権を持つ漁協側の同意なくして、ダムの建設はできない。

沼澤さんは一九九七年にダム反対を掲げて容認派の現職を理事会での選挙で破り、小国川漁協の新組合長に就任した。そして、ダム建設を推進する山形県と直接対峙し、真っ向からぶつかりあうようになった。以来、自ら命を絶つまで、県が推進するダム建設事業に苦しめられ、翻弄され続けた。

最上小国川と小国川漁協

山形県と宮城県の間を屏風のように立ちはだかる奥羽山脈。その緑豊かな山峰から集められた水はいくつもの渓流となり、左右に分かれて二筋の川の流れにつながる。そして、一方は太平洋へ、もう一方は日本海へと水を注ぎ込んでいる。そんな奥羽山脈の山形県側の分水嶺となっているのが、最上町だ。

最上町の山々を源とする渓流が合流してできたのが、全長約三九キロの最上小国川である。山あいを流れる日本でも指折りの清流で、流域にダムのない一級河川だ(河川管理者は国土交通

図１　最上小国川の流域

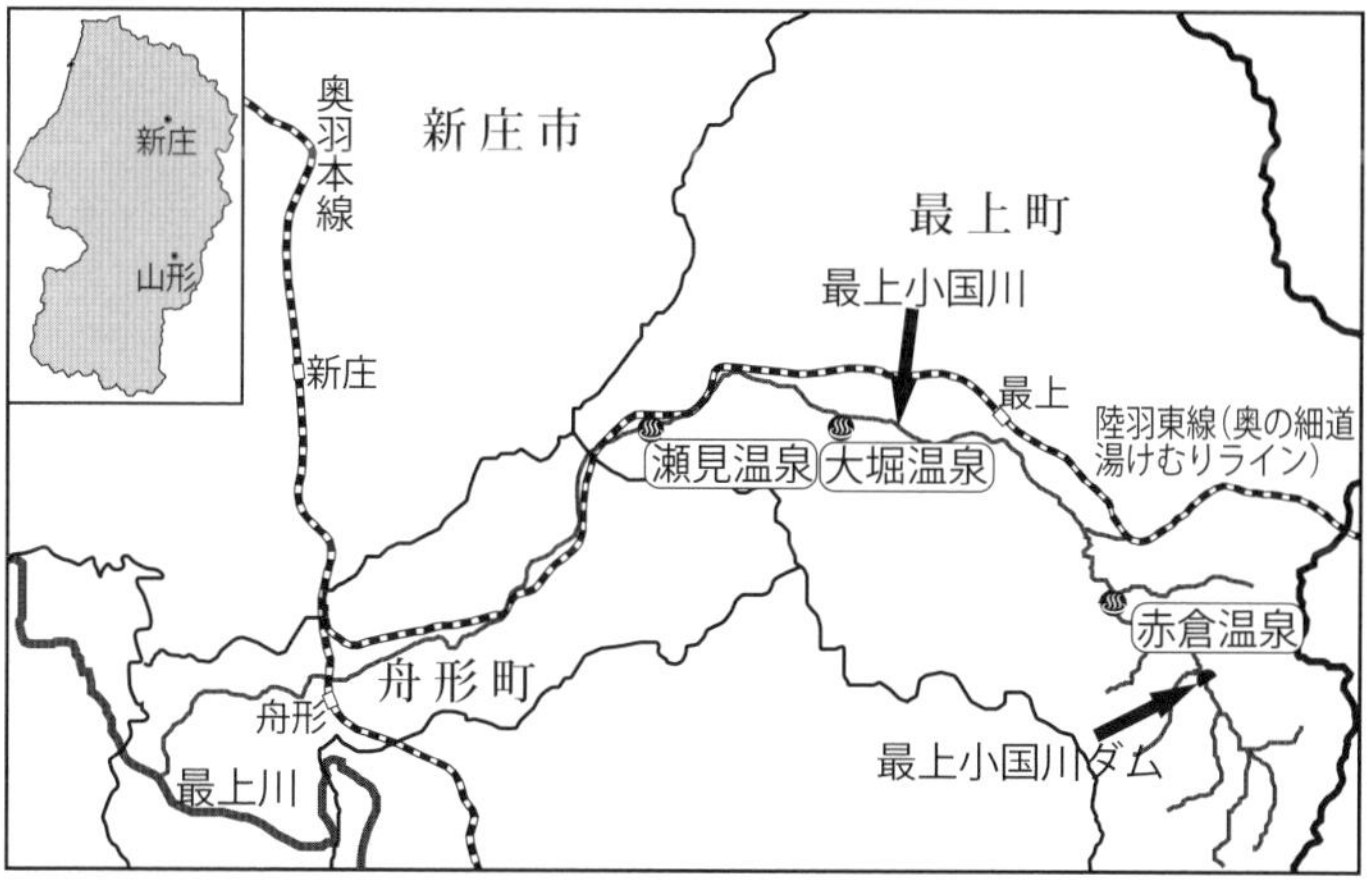

大臣だが、山形県知事に業務を委託)。全国有数のアユの好漁場として知られ、年間三万人もの釣り人が各地から訪れる。深い緑の中を縫うように流れ、川幅が狭く、渓相の変化に富む。下るにつれ、流れは滔々としたものに変わる。川幅はしだいに広がり、舟形町の中心部に至るころには大きな川となる。そして、舟形町富田で最上川に合流し、日本海へと注ぐ。全長約三九〇キロを誇る最上川の支流のひとつである(図１)。

この最上小国川に漁業権を持つのが、一九四九年一一月に設立された小国川漁業協同組合だ。組合員数は約一〇〇〇人(二〇一四年当時)にのぼり、九つの支部、一一人の理事、一一六人の総代で構成されていた。組合長と副組合長は理事の互選によって選ばれ、理事は支部ごとに選出される。

ただし、川を漁場とする内水面の漁協なので、一般的な漁協のイメージとはだいぶ異なる。川の漁で生計を立てている組合員は少数で、子どものころから遊び場としていた小国川が大好きで、釣りが趣味だから漁協に加わったというケースが圧倒的に多い。建設業や農業、自営業、サラリーマン、年金生活者といった人たちだ。漁協は男性で占められており、女性組合員は数人しかいない。もちろん、理事や総代の女性は皆無。

組合員になるには、最上町か舟形町の住民であり、支部をとおして加入申請することが求められる。その際、加入金にあたる出資金(二〇〇〇円)と組合費にあたる賦課金(毎年五〇〇〇円)を支払わねばならない。理事会の承認を得て初めて組合員になるが、加入申請が理事会で却下されることはまずないという。

組合員は毎年の賦課金を納めれば、禁漁期間を除いて、アユを含む全魚種の釣りができる。網や簗《やな》などで魚を獲る場合は、さらに漁業料を支払わなければならない。また、組合員以外の一般の釣り人も、遊漁料を組合に納めれば釣りなどができる。竿釣りの一日券は一八〇〇円(アユを含む全魚種)で、一年間有効の年券は九〇〇〇円である。

小国川漁協の収入源は、組合員が納める賦課金と漁業料、それに一般の釣り人が支払う遊漁料の二本柱だ。二〇一三年度のそれらの合計額は約二八七一万円で、漁協全体の収入(約六二二五万円)の約四六%にのぼる。残りは、アユの売り上げや補助金や助成金などだ。

最上小国川における漁業権と漁場を管理する小国川漁協は、流域の環境を保全し、良好な漁場の確保と保全、さらには魚の繁殖保護を行うことが義務付けられている。つまり、漁協は川での独占的な漁を漁業権として認められる一方で、稚アユの放流など魚の増殖を行わなければならない。このため、賦課金や遊漁料を原資に、稚アユを育てて川に放流する中間育成事業を手掛けている。こうした漁協の不断の努力とダムのない清流という好条件が、日本有数のアユの好漁場につながっていた。

降って湧いた巨大ダム構想

そんな最上小国川にダム計画が持ち上がったのは、三〇年以上も前の一九八〇年代前半だった。当時はダム事業がブームになり、全国各地で競うように建設が進められていた。その波が最上地方にも押し寄せ、ダム事業が割り当てられたという。

初めてダムの話をぶち上げたのは、地元選出の衆議院議員・近岡理一郎氏（自民党、故人）だ。それは、最上町商工会青年部主催の新春懇親会の場だった。参加者の話によると、近岡氏は町長や県議、町議など地元のお歴々が勢揃いした場で、片手を大きく広げ、「総工費五〇〇億円の多目的ダムを造ってやる」と豪語したという。会場は景気のよい話に沸き立った。

その後ダム建設の候補地として三カ所が浮上した。最上小国川の支流である白川、最上小国川の大堀地区、そして赤倉温泉上流部である。

これらの中から、赤倉温泉上流部がダム予定地に選ばれた。最上小国川流域では一九七四年に集中豪雨による洪水によって、広い範囲で床下浸水などの被害が発生。それ以来、各所で河川改修が進められたが、赤倉温泉地区だけは手つかずとなっていた。また、地元の受けとめ方やダム建設に伴う移転家屋が少なくてすむことなども、ダム予定地に選ばれた要因となった。しかし、当時の事情に詳しい最上町堺田地区に住む高嶋昭さんは「地元の住民がここにダムを造ってくださいと要望したものではない」と、明言する。そして、漁協のある関係者はこんな話を打ち明けてくれた。

「漁協の大堀地区の支部長さんが『ダムの話を持ち掛けられたが、地元がいらないということで、なしになった。でも、町はどうしてもダムを造りたいようなので、赤倉にダムの話がいくかもしれないよ』と話していました。実際そのとおりになり、驚きました。ダムを造れればどこでもよかったのか、そういうことなのかと呆れました」

ダム計画は必要性や立地条件を十分に吟味したものではなく、政治的な意味合いの強いものだった。

ダム計画が実際に動き出したのは、一九九一年になってからだ。山形県が事業主体となって建設することになり、治水だけでなく、上水道や農業用水、発電などの多目的ダムにする計画が一九九五年に策定された。それが最上小国川ダムである。ダムの堤の高さが五六・五メートル、堤頂の長さは五三〇メートルで、ダム建設実施計画調査事業が国庫補助事業として採択された。当時の中村仁・最上町長は「赤倉温泉の奥に大きなダムを造り、ダム湖にはボートを浮かべ、湖の周りには桜の木を植えて、多くの人が来る一大観光地をつくる」と、住民にバラ色の夢をばらまいたという。

だが、ダムによる川の水質悪化などを心配する小国川漁協などの反対により、ダム計画はなかなか具体化に至らなかった。やがて、一歩も前に進まぬ膠着状態となり、県の「調査費」だけが支出される時期がしばらく続く。

小規模な穴あきダムで反対派を説得

ダム建設にこだわる山形県と最上町は事態の打開を図るため、二〇〇六年に新たな策を打ち出した。観光用も含めた大規模な多目的ダムを諦め、治水専用の「穴あきダム」に方針を大きく変更したのである。

穴あきダムとは、ダム本体に文字どおり穴があいているダムをいう。専門用語では「流水型ダム」という。穴から川の水が常時、下流に流れるので、水質の悪化を防げる「環境にやさしいダム」と喧伝されている。

たとえば、山形県の広報誌「県民のあゆみ」(二〇一四年五月号)は「流水型ダムは、川底の位置に穴の開いたダムで、通常時は水をためず、ダムの無い河川と同じように水が流れ水質が維持されるため、環境に与える影響は小さくなります」と、その効用をアピールし、「洪水時にはダムに大量の水がためられ、上流から流れてくる水よりもダム下流へ流れる水の量が少なくなるため、下流の洪水被害を防ぐことができます」と、治水上の効用にも太鼓判を押す。

益田川ダム（島根県）〈写真提供：草島進一〉

しかし、穴が流木や土砂、岩石などで塞がってしまう恐れもあり、想定どおりの効用が得られるかどうかは不確かである。穴あきダムの実例は少なく、効能の検証がまだ十分になされていない。本当に「環境にやさしいダム」なのかどうかはっきりしておらず、お試し段階と言える。

実際、日本の穴あきダムは二〇〇六年に完成した益田川ダム（島根県）、二〇一二年完成の辰巳ダム（石川県）、そして、二〇一七年完成の浅川ダム（長野県）の三例しかない（小規模な農地防災用の穴あきダムを除く）。ダム事情に詳しいジャーナリストの政野淳子氏は「ダムの生き残り策として出されたものだ」と、穴あきダムが重用され始めた背景を指摘する。

山形県などが多目的ダムの方針転換を模索

していたころ、最上小国川流域で洪水被害が相次いだ。赤倉温泉では一九八八年に床上浸水一一戸、床下浸水一八戸、二〇〇二年に床下浸水一戸、二〇〇六年にも床上浸水二戸、床下浸水六戸の水害に見舞われていた。一九七四年に発生した大水害後、赤倉温泉以外の地区は河川改修が行われて水害から免れていたため、ダムを建設する目的は、実質的に赤倉温泉の洪水対策にしぼられていたのだ。そして、事業主体の山形県は当初の計画から規模も目的も大きく変えながらも、ダムを造るという一点だけは譲らなかった。

河川改修を後に回してダム建設

こうした最上小国川流域の状況を知ると、素朴な疑問が浮かばないだろうか。他の地区と同様に赤倉温泉でも河川改修をしっかり行えば、水害を防げるのではないか。にもかかわらず、なぜ、河川改修をしないのかと。

もっとも、上流に治水ダムを造るので河川改修に傾注しないというのが、全国どこにでもよく見られる現象である。それは二重投資を避けるためであり、ダム建設を推進したい行政側の思惑とも関係する。そもそも河川改修をきちんと行うことで水害が防げれば、わざわざ「環境にやさしいダム」を造る必要などなくなる。

だが、最上小国川ダムのケースは、通常とはやや事情が違っていた。山形県は「赤倉地区は川沿いに温泉旅館などが立ち並んでいるし、川を掘り下げると川底から温泉が湧き出して源泉に影響が出ることがわかっているから、大規模な河川の整備はできない」と断言していた。つまり、河川改修をしたくてもできない特別な事情があるので、治水ダムを造るしかないという主張である。前述の広報誌(二〇一四年五月号)は「最も早く、最も安くできる流水型ダムで治水対策を行うことにしました」と力説。それを多くの県民が信じ込み、「なるほどそういう事情があったのか」と、納得したのだった。

山形県は二〇〇七年一月に最上川水系の河川整備計画を策定し、最上小国川に穴あきダムを造ることを盛り込んだ。この整備計画の策定にあたり、県は二〇〇〇年から学識経験者などへの意見聴取を重ねた。「最上川水系流域委員会最上地区小委員会」や「最上小国川ダムを考える懇談会」という場で、ダム案や河道改修案、放水路案などを比較検討したのである。沼澤組合長もそのメンバーの一員として加わった。メンバーの人選を行ったのは、担当部局の県土整備部である。県の覚え宜しきお馴染みの学識経験者のほかに、地元の自治会や商工会、JA、消防団などからも選出された。

沼澤組合長は協議の場でダムによらない治水対策を主張したが、他のメンバーがダムありきの話に終始していると思わざるを得なかった。ダム推進論者に囲まれながら一人で異論を唱える、孤立無援の状態となったという。やがて沼澤組合長は、聞く耳を持たない会合への参加に疑問を感じていく。また、漁協の組合長である自分が出席し続けることがアリバイづくりに利用されてしまうのでは、と不信感を募らせた。懇談会の参加メンバーとして、あらかじめ決まっている結論（穴あきダム建設）に従うことを強いられるはめになるのではないかと、危惧したのである。結局、二度出席したあと、委員を辞退して参加を取りやめる道を選択した。

漁協総代会でダム反対を決議

小国川漁協は山形県が河川整備計画に穴あきダムを盛り込む直前の二〇〇六年一一月一九日、臨時総代会を開催した。組合員の中から地区（支部）ごとに選ばれる代表者が総代で、その集まりである総代会が漁協の最終意思決定の場となる。臨時総代会でダム建設に反対する決議が賛成三四、反対二一で採択され、漁協は正式にダム建設に反対していくこととなった。徹底抗戦を宣言したのである。以下が漁協の訴えだ。

「私たちは、ダムに拠らない治水対策を求めています。赤倉温泉街の安全安心を確保するには、温泉街の河道改修により本当に必要な流量を確保することが最善であり、赤倉温泉の今後の発展にもつながると考えるからです。それが、組合員の大多数の意見だからです。県は、ダムありきでこの要望に応えてくれません。県が開いたこの種の会合は、すべてダムを造るための会議です。ダム以外の手法はすべて、完成までの費用が多くかかり、工期は長い、源泉に触るから温泉街掘削工事は困難だ、ダムが最善だということの繰り返しです。ダム以外の治水対策にならないようにしているのです」

利害関係者や行政にとって都合のよい学識経験者（いわゆる御用学者）らが、県が描くダム建設という結論に向かって八百長論議を重ねてきたと、ズバッと指摘している。もちろん、こうしたことは、日本における公共事業のごく一般的な進め方と言える。行政が主催する政策を検討する会議の内実とは、いずこも似たようなものだ。漁協は声明文の中で、こんな興味深い主張もしていた。

「河道改修で赤倉温泉街を洪水から守ることは、その気になればできるのです。左岸で川に面している、または突き出している旅館は四軒、民家は右岸も含めて数戸なのです。この十数戸が後ろに下がるか、土台を高くするか、移転するかによって、洪水対策はできるのです。むしろ、費用も少なく、工期も短時間ですみます。県が説明するような五〇戸もの集団移転ではなく、他の対象家屋は堤防のかさ上げで十分なのです。源泉にも触りません」

漁協側は、河道改修すると源泉に影響が出るからできないという県の主張を真っ向から否定した。穴あきダムの欠陥についても鋭く指摘している。

「穴あきダムは欠陥です。流木や土砂で穴が塞がり、洪水の調整能力がなくなり、被害が大きくなるのです。赤倉温泉街の安全安心は守れません。ダムは漁場を壊し、ダムのない清流小国川ではなくなるのです。ダムのない川で有名な四万十《しまんと》川に匹敵する、有名なダムのない清流小国川です。豊かな自然が壊されないように、守らなければなりません」

穴あきダムで清流を守り、洪水を防ぐという計画そのものが、穴あきだらけだと厳しく批判したのだ。ダムでは流域住民の安全が守れないとみているからこそ、ダムによらない治水を求めていることがよくわかる。説得力のある冷静な主張と言える。
もっとも、こうした漁協の主張は沼澤組合長の主導によるものと言えた。組合員同士で意見をぶつけ合い、熟議を重ねたうえで形成された総意とは言い難かった。つまり、組合内にあった異論を抑えてという面も否定できなかったのである。

新政権と新知事の誕生に沸いた脱ダム派

何が何でもダムを造りたいと考える人たちにとって、小国川漁協は最大の阻害要因となった。なかでも、漁協を率いる沼澤組合長はダム事業の前に立ち塞がる邪魔な存在でしかなかった。彼が組合長でいるかぎりダム事業は一歩も前に進まないと、推進派が歯噛みしたのは想像に難くない。漁協は最後にこんな見解を記していた。

「組合の定款は、『漁業権又はこれに関する設定、得喪、廃止に関しては、特別決議事項として三分の二以上の多数による議決を必要とする』となっています。補償交渉には漁業権者全員の同意が必要であるとも聞いています。その目的が正当なもので、他に対処の方法がないのであれば、話し合いに応じなければなりませんが、組合員が理解し納得できる案でなければ、組合はダム建設に同意できないのです」

小国川漁協は二〇〇六年の総代会決議後も、毎年、山形県に「ダムに拠らない治水対策を求める」ことを総代会で確認し続けた。沼澤組合長も、任期三年の組合長職を更新し続けていた。漁協のダム建設に対する姿勢は一貫しており、揺るぎは微塵もない。表面的には、そう見えていた。

その後、ダム事業をめぐる環境が全国レベルで激変する。ダム推進派によもやの逆風が吹き荒れ、ダム反対派は逆にほっと胸をなでおろすことになった。二〇〇九年八月の総選挙で政権交代が実現し、「コンクリートから人へ」を公約に掲げる民主党新政権が誕生したからだ。

公共事業の抜本的な見直しを金看板とする新政権は、全国のダム事業の再評価を方針として打ち出した。ダム事業をいったん凍結し、「できるだけダムによらない治水」という観点で、事業の点検・再評価を各事業主体に指示したのである。二〇〇九年一二月に、前原誠司・国土交通大臣が全国の知事宛てにその旨を通知した。こうして全国八四のダム事業が検証の対象となる。最上小国川ダムもその一つとなった。

こうした動きに、小国川漁協などのダム反対派は意を強くした。多くの人が「ダムはもう造られない、大丈夫だ」と、ホッとしたのである。しかも山形県では、反対派が追い風になると期待したもうひとつの要因があった。国政より一足先に、政権交代が県政に起きていたからだ。

二〇〇九年一月の山形県知事選挙で、民主党や連合山形などの支援を受けた候補が、大半の自民党県議の支援を受けた現職知事を打ち破り、新知事に就任した。吉村美栄子《みえこ》氏である。東北地方で初の女性知事となった吉村氏は、女性知事の先輩格にあたり、「卒ダム」を掲げてダム事業の見直しを断行した滋賀県の嘉田由紀子知事と近いと見られていた。「環境派知事」の一員とみられ、これまでの県政とは違った施策を打ち出すものと、ダムに反対する人たちは当然ながら期待に胸躍らせた。ところが、実際にはとんだ見込み違いとなっていく。

ダム事業を検証する際のポイントは、誰が、どのように検証を進めるかにある。実は、そこに大きな穴がポッカリ開いていた。それは民主党政権の詰めの甘さの象徴とも言えた。国の「有識者会議」のメンバーは国土交通省の事務局が人選したため、ダム推進派と、事情に明るくない「専門家」で占められていた。しかも、会議は非公開で、議事録には発言者名を記載しなかった。

その有識者会議による「中間とりまとめ」に基づいて、国土交通省の担当課が「個別ダムの検証の進め方」を作成し、各ダム事業者に通知した。国土交通大臣は「できるだけダムによらない治水」を求めていたものの、国土交通省の大勢は依然として「できるだけダムによる治水」のままだったのである。

事業主体によるお手盛り検証

山形県でも、最上小国川ダム事業の再評価が実施された。学識経験者などを集めて、「最上小国川の治水と活性化を考える懇談会」や「公共事業評価監視委員会」を開催。以前と同様、最上小国川の五〇年に一度の大雨への治水対策として河道改修案や放水路案、流水型ダムなど四案が検討された。県の担当課によって選ばれた一四人の「有識者」が参加し、会議は合わせて一五回開かれた。

そして、下された結論は、検証前と同じ流水型ダム、つまり、穴あきダムの建設となった。ちなみに、再評価の際の判断材料となった事業費の試算値は、ダム案（ダム建設費と河川整備費など）の約一三二億円に対し、河道改修案は約一五八億円。また、ダム建設による費用対効果（事業費に対する洪水防止効果費の割合）の試算は一・一三。これらはいずれも、事業主体である県の担当部局が弾き出した数値であり、それらの信憑性を確認するすべはない。

山形県から検証結果の提出を受けた大畠章宏・国土交通大臣は二〇一一年六月、「今後の治水対策のあり方に関する有識者会議」を開き、最上小国川ダムについての検討を実施した。会議では「関係住民などの理解を得る努力が大事」との意見も出されたが、県の検証結果はそのまま了承された。こうして最上小国川ダム計画は完全復活し、振り出しに戻ったのである。

漁業権を持つ漁協はそれでも姿勢を変えず、ダム建設に邁進する県と厳しく対峙し続ける。事態を憂慮した漁協側は、吉村知事との話し合いを求める陳情を重ねたが、まったく取り合ってもらえなかった。担当課の厚い壁に撥ねつけられ、吉村知事に実情を語る機会すら得られなかったのである。県民との対話重視をしきりにアピールしていた吉村知事からも、漁協などへのアプローチは一切なかった。

同意なしの事業スタート

こうして国のお墨付きを手にした山形県は漁協の同意なきまま、ダム建設を急ぎに急いだ。見切り発車と既成事実の積み上げである。工事用道路建設の予算五億七二〇〇万円を二〇一二年度一般会計予算案に盛り込んで、県議会に提出。議案は二〇一二年三月に、圧倒的多数の賛成で可決された。反対した議員は、わずか一名。先に紹介した「守る会」の共同代表・草島進一県議だけだった。草島県議は鶴岡市選挙区選出の無所属議員で、事実上のオール与党体制の吉村県政における異端者となった。

山形県は二〇一二年一〇月、ダム工事用の道路建設に着手した。漁協の同意という大きな課題を残したまま、事業をスタートさせたのである。当初の多目的ダムから治水専用ダムに縮小されたため、堤の高さ四一メートル、堤頂の長さは一四三メートルとなった。さらに、川底と同じ高さのところに幅一・七メートル、高さ一・六メートル(その後四・二メートルに変更)の常用洪水吐(ダムの上流から水と土砂を下流に流すための穴)を二つ設置する穴あきダムとなった。ダムの建設費は約七〇億円(うち半額は国の補助金)で、関連事業などを含めた総事業費は前述したように一三二億円と見込まれている。

事業主体の県は、一刻も早く漁協と協議を行い、同意を得なければならなかった。一方、漁協側は「ダムによらない治水」を県に要求し続け、ダムありきの議論に加わるつもりはないと突っぱね続ける。漁協に協議と同意をお願いする立場である県土整備部は、お手上げ状態となっていた。

一方で、山形県が遮二無二進めるダム建設に対し、必要性への疑問と河川環境への悪影響を懸念する県民が、「最上小国川ダム建設差止め住民訴訟」を山形地方裁判所に起こした。「守る会」のメンバーたちで、提訴したのは二〇一二年九月である。

第2章
懐柔と脅し

日本有数の清流・最上小国川。ダム建設という濁流に揺れる
〈写真提供：山本喜浩氏〉

ソフトとハード

人を従属させるには、二つの方法がある。金や栄誉といった餌をばらまいて手懐けるソフトなやり方と、従わなければひどい目に遭わせるぞと恐怖心を煽って支配下に置くハードな手口だ。日本の行政がよくやるのは、前者である。与えるカネや栄誉をふんだんに持っており、しかも、ばらまく行為が自分たちにとっては痛くも痒くもないからだ。そしてまた、ばらまく餌にホイホイと食いついてくる手合いが多い、という実態もある。それゆえ、行政にとって住民を意のままに動かすことは、それほど難儀ではない。

だが、なかにはおかしいことはおかしいと堂々と主張し、長いものに容易に巻かれない気骨ある人たちもいる。その典型が、小国川漁協の沼澤組合長だったのかもしれない。そういう人たちには、どんなにうまい餌を撒いても効果はない。いや、かえって事をややこしくしてしまいがちだ。そんな場合に有効なのが、ハードなやり方である。行政が持つ裁量を最大限に活用し、相手に理不尽な不利益を強いる。ないしは、不利益をちらつかせる。そして、有無を言わせずに力ずくで、相手を屈服させるのである。

こうしたソフトとハードのやり方をうまく使い分けて、事務事業を自分たちの意のままに進めていくのが、官の世界における能吏と言える。相手は住民とは限らない。行政間でも同様であり、手練手管の攻防が展開されている。行政には懐柔と脅しがつきものと言ってよいだろう。こうした懐柔と脅しは外に漏れないように極秘裏に、かつ、巧妙に行われるので、表沙汰になることなどめったにない。もちろん、すべての行政がこうした悪質な手口で事務事業を執行しているというわけではないが……。

県の陰湿な攻撃

小国川漁協は二つの課題をかかえていた。ひとつは、一〇年に一度の漁業権の更新だ。山形県内一七の漁業協同組合の漁業権が二〇一三年末で期限切れとなり、更新の手続きが必要となっていた。もうひとつが、漁協が管理を受託しているアユの中間育成施設に関してだ。老朽化と井戸水の減少に悩まされていたのである。いずれも、漁協が単独で処理できる案件ではなく、行政に理解や協力をお願いしなければならない。県庁内の能吏たちがこのタイミングを見逃すはずはない。

山形県は二〇一三年五月に漁業権更新に関する内容の告知を行ったが、その中にこれまでになかった文言を盛り込ませていた。それは、「公益上必要な行為について十分配慮しなければならない」という新たな更新条件である。また、小国川漁協が更新を求めている最上小国川の漁場計画には「県は最上小国川においてダム建設を計画している」と、わざわざ明記した。漁協側が「ダム計画に協力せよ、さもなければ漁業権の更新は……」という無言の圧力と感じたのは、言うまでもない。

小国川漁協は二〇一三年七月、他の漁協と同様に、山形県に対して漁業権更新の申請を行った。その後、舟形町にある漁協事務所に県の役人が頻繁にやってくるようになった。それも、ダム担当の県土整備部だけではなく、農林水産部の幹部も一緒にだ。

応対に出た沼澤組合長らに県のダム担当者はダムの必要性をしきりに訴え、同席した農林水産部の幹部は漁業権の更新について何度も触れた。漁協側に「公益に配慮するという担保を示してくれ」と執拗に迫ったのである。沼澤組合長の右腕だった青木理事は、当時の奇妙なやり取りをこう証言する。

「農林水産部の阿部・技術戦略監（次長を兼務）が組合長に『公益に配慮するという担保をみせてください』と繰り返すのです。それで、組合長が『われわれは、いままでも公益に配慮してやってきました。担保とはいったい何ですか？』と問いただすと、阿部戦略監は「それは、漁協で、自分たちで考えてください」と言葉を濁してしまう。われわれも困りはてて『担保というのはダムを承諾してくれということですか』と問いかけると、阿部戦略監は「そんなことは一言も言っていない」と気色ばむのです。そしてまた『担保をみせてくれ、担保をみせてくれ』と繰り返すので、われわれはホントに困りました」

一〇年間の漁業権は二〇一三年の末日をもって期限切れとなる。そのタイムリミットが刻々と迫るなかで、農林水産部による配慮と担保要求の攻勢は激しさを増していった。陰湿、かつ執拗に忖度を求める県と対峙する沼澤組合長は、いつしか苦悩の日々を送るようになる。そして、恐れていた最悪の事態が現実となりつつあった。

二〇一三年一二月一七日の県議会「農林水産常任委員会」で、漁業権の更新業務を担当する阿部・技術戦略監が議員の質問に対し、「公益上必要な行為にはきちんと話し合いをしていただけるという確証を求めている」と答弁。「確証」がない場合は小国川漁協だけ漁業権の更新を認めないこともありうることを示唆したのだ。しかし、阿部戦略監は答弁の中で、肝心要の「公益上の配慮」と「確証」の具体的な中身については明らかにしなかった。

漁業権更新で圧力

翌一八日、山形新聞がこの答弁を一面トップで報じた(三六ページ参照)。「最上・小国川漁協　漁業権　消失の可能性」「年内満了　県の条件満たさず」といった衝撃的な見出しで、小国川漁協のみが漁業権を喪失する可能性がありうると報じたのである。当事者である漁協関係者にとって、まさに寝耳に水だった。驚きと不安、狼狽が組合員の間に瞬時に広がった。県が暗に漁業権の取り上げを匂わせて、漁協にダム建設への同意を迫っていることは、誰の目から見ても明らかだった。

もちろん、ダム計画に賛成しないから漁業権の更新を認めないというのは法律違反である。水産庁は一九六三年の通達で、「漁業権の免許にあたり、将来起こりうることを予想して制限や条件を付すことは違法」としている。つまり、漁業権の更新時にダムなどへの同意を条件と

山形新聞

発行所 山形新聞社
〒990-8550
山形市旅篭町2-5-12
電話 代表023(622)5271

2013年（平成25年）
12月18日
水曜日

最上・小国川漁協

漁業権 消失の可能性

年内満了 県の条件満たさず

内水面漁業の県内漁協に県から与えられ、年内で満了となる免許（漁業権）について、最上小国川ダム建設に反対している小国川漁協（舟形町）に付与されない可能性があることが17日、関係者への取材で分かった。県は、来年からの漁業権付与の条件に「公益上必要な行為への配慮」を新たに設け、同漁協が「配慮」に関し具体的な説明をしていないためだ。県は今月下旬に開かれる県内水面漁場管理委員会に、同漁協の漁業権付与の諮問を見送ることも検討している。

県は県内内水面の28漁場の漁業権を17漁協に与えている。10年ごとに更新され、今期は今年が最終年。県は次期（2014年1月～23年12月）の漁場計画（免許の内容）を今年5月に告示し、全17漁協が7月末までに申請している。

漁業権更新に当たり、県は初めて「公益上必要な行為について十分配慮しなければならない」との条件を付けた。さらに「公益上必要な行為」として当面予定されている各漁場の治水工事計画も明示。小国川漁協が更新を希望している最上小国川を含む最上町と舟形町の河川の漁業権にも同様の条件を付け、最上小国川ダム工事計画を明記している。

県農林水産部の幹部は「漁協に『ダム計画に賛成しろ』と言っているのではない。配慮するという言葉の『担保』を示してもらえれば漁業権は付与できる」と語る。一方で、同漁協の沼沢勝善組合長は「『担保』とは具体的に何か分かりかねたため、県に確認の問い合わせをしたが明確な回答がなく、説明のしようがない」として新たな対応を取らない考えだ。

最上小国川ダム問題

1987（昭和62）年、最上町がダムによる治水対策を県に要望。県は2006年11月に「流水型ダム（穴あきダム）」による建設を決めた。09年に国が事業を検証対象としたが、再検証の結果、県は11年に「ダム案が最良」との対応方針を決定。同年9月に用地測量などに着手し、本年度は工事用道路の整備などを行っている。

小国川漁協は流域のアユへの影響などを懸念し、一貫してダム建設に反対の姿勢を示している。反対グループはダムに関する公金支出差し止めを求める訴訟を起こし、審理が続いている。

解説 治水ダム問題絡み 話し合いを十分に

小国川漁協の漁業権が年末で切れる可能性が出てきた。県は漁業権の条件に「公益上必要な行為への配慮」を加えたが、漁協が配慮する〝確証〟を得られていないとの理由。来年1月からの更新見送りとなれば「強引」との指摘も出そうだ。

最上小国川ダムの建設を推進する県に対し、アユを守るため、河道改修での治水を求める漁協は反発を続けている。何度も話し合いの場を設けたが議論は平行線をたどり、公金支出の差し止め訴訟も起きている。

最上小国川は7月の解禁日に全国各地から太公望が訪れる。釣りが楽しめるのも漁業権が与えられた漁協が利用調整、アユの養殖・放流などに取り組んでいるからだ。漁業権が更新されない事態になればこの機能は失われ、釣り客の無秩序な行為も予想される。県と漁協にはしっかりとした話し合いを求めたい。

（報道部・鈴木悟）

脅威排除へ防衛力強化

初の安保戦略、大綱決定

政府は17日、外交と安全保障政策の初の包括的指針となる「国家安全保障戦略Ｑ」と、今後10年程度の防衛力整備の指針「防衛計画の大綱」を閣議決定した。沖縄県・尖閣諸島をめぐる中国との対立長期化を想定し、日本領域への脅威を排除するための防衛力強化や、離島奪還を担う部隊創設を明記した。武器輸出三原則の見直し方針も打ち出し、従来政策から脱却する姿勢を鮮明にした。

＝3、4面に関連記事

安倍政権が目指す積極的な安保政策を具体化する内容。安保戦略は、基本理念に自衛隊の海外展開を図る「積極的平和主義」も掲げた。地域課題として、中国の軍事台頭を「国際社会の懸念事項」とけん制。海洋進出や防空識別圏設定に触れ「力による現状変更の試み」として自制を求めた。北朝鮮の核・ミサイル開発を「地域の脅威を質的に深刻化させる」と指摘。韓国との島根県・竹島問題は外交努力による解決を訴えた。

武器輸出三原則に基づく従来の禁輸政策の見直しを主張。国際共同開発への参画を進め「新たな安保環境に適合した明確な原則を定める」と表明。愛国心にも言及し「わが国と郷土を愛する心を養う」と記述した。

防衛大綱は、陸海空の各自衛隊を機動的に運用する「統合機動防衛力」を新たな基本概念に掲げた。離島奪還作戦を担う「水陸機動団」を新設。米軍が沖縄に配備した新型輸送機オスプレイの自衛隊への導入を見据えた新たな部隊も創設する。

陸上自衛隊に「機動旅団」や「機動師団」を新規編成。空白地域となっていた離島への部隊配備も進める。無人偵察機による常時監視体制を構築し、民間船などを

きょうの天気

庄内 20▶20 7/1
最上 10▶10 4/−2
置賜 10▶10 5/−2
村山 10▶10 5/−1

降水確率は(%)午前▶午後
気温(℃) 最高/最低（時々は○○ のちは○▶○）

札幌	10▶10	4/−1
仙台	0▶10	7/1
東京	40▶80	7/5
名古屋	70▶90	6/4
大阪	80▶90	7/4
高松	80▶80	7/5
福岡	70▶40	8/6
那覇	30▶20	21/20

明日から

	村山	置賜	庄内	最上
19日(木)	6/1	5/−1	7/3	5/0
20日(金)	5/0	5/−1	7/2	4/1
21日(土)	4/−1	3/−2	5/0	3/−3
22日(日)	4/−1	3/−2	5/0	3/−3
23日(月)	5/−1	4/−3	6/−1	4/−2
24日(火)	5/−1	4/−2	6/1	4/−3

することは違法行為にあたる。それを十分わかっているがゆえに、県側は曖昧な表現で漁協側を執拗に責め立てたのであろう。

こうした山形県の姿勢に、県庁記者クラブ所属の各メディアも批判的だった。県庁内はまるで蜂の巣をつついたような騒ぎとなった。このため、県農林水産部は一九日午後一時から県庁記者クラブで会見を開き、初めて県がいうところの「公益上の配慮」の中身を明らかにした。

①県との話し合いに応じること。

②治水や内水面漁業振興に関する件の説明を聞くこと。

③県が最上小国川に入って実施する測量や影響調査などを妨げないこと。

実は、小国川漁協側も一九日午前一一時に、舟形町の事務所で記者会見を予定していた。県への回答書を提出するにあたり、漁協の見解やこれまでの経緯を明らかにするためである。ところが、前夜に沼澤組合長の自宅に阿部・技術戦略監から電話が入り、漁協事務所に直接、回答書を受け取りにくると言う。そのため、漁協側の記者会見は急遽、延期となった。

一九日の朝、漁協事務所に姿を現した阿部・技術戦略監は、沼澤組合長から回答書を受け取ると、そそくさと県庁に戻っていった。そして、午後一時から記者会見を開き、県側の見解を開陳したのだ。びっくり仰天したのが、漁協側である。記者会見の内容を報じるテレビニュースや新聞記事で初めて、県が求める「公益上の配慮」の具体的な内容を知ったからだ。翌二〇日に漁協事務所で記者会見を開いたが、やってきたのは山形新聞の記者だけだったという。

漁協の回答書を事務所で直接受け取った県側は二〇日、その回答書を持って再び、漁協事務所にやってきた。書き直せという意味であったのだろうか。二二日には、阿部・技術戦略監が若松正俊・農林水産部長とともにやってきた。改めて、漁協と県との間で話し合いが展開され、県側は漁協に、「最上小国川流域の治水対策に関する協議会」への参加を強く求めた。若松・農林水産部長が「協議はダムありきではありませんので、どうかご理解ください」と、沼澤組合長を懸命に説得したのである。

沼澤組合長はこの言葉を信じたのか、協議会への参加を受諾する。この決断が、いわば大きな分水嶺となった。

いまとなっては確認しようもないが、沼澤組合長は何を考え、どんなことを思って、県のこの要請を受け入れたのだろうか。協議会への参加を承諾した直後、親しい行政関係者に「これでやっと、ダムによらない治水について、県ときちんと話し合えるようになった」と、うれしそうに語ったという。その一方で、「漁業権更新の一件で、精神的にかなり追い詰められていた」とその行政関係者は証言し、こう鋭く指摘する。

「(協議会への参加要請が)ダム建設を担当する県土整備部からだったら、(沼澤組合長も)蹴っ飛ばせますが、漁業権や補助金などを担当する農林水産部から求められたら、どうしてもノーとは言えないでしょう」

これが能吏のやり方というものなのか。最上小国川ダム建設は、ここから大きく流れを変えていくことになった。

小国川漁協は一二月二三日、改めて県への回答書を提出した。ただし、県庁内の担当執務室ではなく、県庁裏口で水産課長に手渡すという奇妙な扱われ方だった。

河川や湖沼を漁場とする内水面漁業権は、都道府県知事が許可権者である。漁業権の期間は一〇年。漁業権の免許などに関する実際の審議は、漁業者や遊漁者の代表、学識経験者などの一〇人で構成される「県内水面漁場管理委員会」が行う。委員会が知事からの諮問を受けて審議し、その答申をもとに知事が漁協に漁業権を付与するという流れだ。

更新後も異例の交付に心労

年末ぎりぎりの一二月二五日に、山形県庁で県内水面漁場管理委員会が開催された。県は、小国川漁協を含む一七漁協の漁業権更新を委員会に諮問。委員会は即日、すべて「適格」と答申した。これにより、吉村知事は一七漁協に、二〇一四年一月から一〇年間の新たな漁業権を認めたのだ。漁業権の剥奪に怯えた小国川漁協の組合員は皆、ほっと胸をなでおろした。

一方、沼澤組合長にとって、心休まる日々は戻らなかった。通常、年明け早々に漁協事務所に届けられるはずの漁業権の免許状が、年末に自宅に郵送されたことを、しきりに気にしていたという。何か特別な意味があるのではないかと疑心暗鬼に陥っていたのである。

県との細かい経緯を知らない第三者からみれば、不安に思っている漁協にいち早く新しい免許状を届けようという県の配慮ではないかとも思える。県は漁協が年末年始の休みに入っていると考え、確実に届く組合長宅あてにわざわざ郵送したのではないかと推測できるからだ。

ところが、沼澤組合長はそう解釈しなかった。いや、できない精神状態にまで追い詰められていたのであろう。自宅に届けられた免許状を何度も何度も見直し、これまでと違った文言はないかと、一字一字、真剣な表情で確認していたという。そして、「免許をこんな形でもらったことはない。組合に泥をぬってしまった」と、しきりに気に病んでいたというのである。自宅で組合長を辞任したいと口にし、奥さんに「辞めてすむことではないでしょう」と諭されたとも聞く。

そして、年明け後には、協議会の初会合が待ち構えていた。ダム建設を推進する県や最上町、舟形町などと漁協が、最上小国川流域の治水について話し合う場である。清流を守るために「ダムによらない治水」を訴え続けてきた沼澤組合長以外に、県側と真正面から論戦できる人物は漁協内に見当たらなかった。

二〇一四年一月一七日、沼澤組合長は県との協議会の事前打ち合わせに臨んだ。相手は、漁業権の更新時にさんざん苦しめられた阿部・技術戦略監だった。この打ち合わせで、協議会を三回ほど開くことが決まった。会合の名称は「最上小国川流域の治水対策等に関する協議会」となった。ポイントは、治水対策を話し合う協議会の名称に「等」の一文字がわざわざ加えられている点だ。行政が自らの手の内を伏せるために、よく使う手法である。これは、協議会で治水対策以外の話も提起することを意味する。相手に拒まれないように、あらかじめ「等」の一文字を加えたのであろう。

一杯食わされた？組合長

一月二八日、新庄市内で「最上小国川流域の治水対策等に関する協議会」の初会合が開催された。会場は、山形県最上総合支庁の会議室。会合には県の幹部や沼澤組合長らのほか、最上町と舟形町の町長や町議会議長、さらには赤倉温泉の町内会長ら二十数人が参加した。こうした県主催の協議の場に小国川漁協側が出席して話し合いに臨むのは、二〇〇六年一一月にダム建設反対を決議して以降、初めてのことだった。協議会は非公開で行われたが、メディアが取材に駆け付け、会場はただならぬ緊張感に包まれた。

この場で、漁協側の期待はあっさりと裏切られてしまった。「ダムありきではない協議を」と言われ、それを信じて参加したにもかかわらず、県は従来の主張を繰り返すばかりだったからだ。

県は流域の洪水被害の状況などを説明し、これまで検討してきた六つの洪水対策の中で現行の穴あきダム計画がもっとも優れていることを強調した。河川改修と遊水池を組み合わせた他の五案がいずれも完成までに六三〜九一年かかり、コストは一五八億〜一九一億円を要する見込みとしたのに対し、穴あきダム計画は工期五年、コスト一三二億円ですむと主張した。また、漁協側が県との水面下の折衝で提示してきた四つの河川改修案に言及し、いずれも完成までに七六〜八五年かかり、費用は一六七億〜一八〇億円になるとして、一蹴したのである。しつこいようだが、こうした試算値はいずれも県土整備部が弾いている。数値の信憑性を確認するすべはない。

これに対し、漁協側はダム反対を改めて表明し、「河道改修による治水」を主張し続けたため、会場内は緊迫度を増していった。

他の出席者もそれぞれの意見を求められた。最上町や赤倉温泉の代表者の一部は県の主張に賛同し、赤倉温泉の代表者の一部が河道改修に賛同した。どうにもはっきりしなかったのが、舟形町の代表らだった。実は、沼澤組合長の地元である舟形町はダム問題に真摯に取り組んではいなかったのである。舟形町はダムの議論を封印し、なかばタブー視していたという。

「町議会でもこれまで、まったく議論していませんでした。議員に(ダムについての話し合いを)働き掛けても、賛成・反対を明らかにすると、どちらにしても票が逃げていくと尻込みしてしまうのです。それは町長も同じでした」(舟形町の行政関係者)

こうしたことから、舟形町の出席者は治水への意見を求められても、誰一人まともな意見を言えなかった。

山形県が主導権を握ったまま、会合は進められていった。互いの主張を言い合う場面が繰り返され、話し合いはまったく噛み合わない。沼澤組合長が最終局面で再度「川に一番負担の少ない河川改修が一番良いと思います」と自説を語ると、県側から「もういいです」という声が上がり、会場は険悪なムードとなった。そして、そのまま時間切れに……。次回の会合を二月中に開催することを双方が確認し、協議会は閉会した。沼澤組合長が公の場に姿を見せたのは、この日が最後となった。

沼澤組合長が自らの命を絶ったのは、二回目の協議会の事前打ち合わせの当日である。二月中に予定されていた第二回協議会は当然のことながら、延期となった。

組合長はなぜ自死したのか

沼澤組合長はなぜ、自ら死を選んでしまったのか。漁協関係者など多くの人に話を聞いて回ると、個人的にも親しかったというある行政関係者が、匿名厳守を条件にこう語ってくれた。

「沼澤さんは小国川を愛し、アユを愛していました。清流を守り、子どもたちに引き継ぐという責務を全うしようと、命懸けで頑張っていました。鉄のような信念の持ち主で、誰からも信頼されていた。川や魚、ダムについての知識も豊富で、ダム以外による治水が最善だと確信していた。地元にもそう思っている人がたくさんいたのですが、そうした当たり前のことを当たり前に言っても、それがまったく通らない。そのことに苦しみ続けていました。

沼澤さんは協議会に参加して、これ以上ダムに反対してもダメだと感じたのではないでしょうか。しかし、これまで自分が訴えてきたことを取り下げるわけにもいかない。前にも進めず、後ろにも戻れず、近くに相談できる人もいない。ここまで漁協を引っ張ってきたという意地やプライドもあって、それで……」

沼澤組合長の近くに長年いた漁協関係者も、匿名を条件にこう語った。

「責任感がとても強く、ぶれない方でした。漁協の代表として漁協をまとめ、先頭に立って川を守ってきました。任期三年の組合長を連続六期つとめ、漁協イコール沼澤組合長です。川を守ることを絶対に諦めないと言っていましたが、漁業権のことで苦しめられた。疲れはてていて、体力の衰えもありました。八方ふさがりとなって、めっきり痩せてしまいました。これからダムのことなどで県と契約を結ぶとなったとき、自分がサインをするのは絶対に嫌だと思ったのではないでしょうか」

その漁協関係者は組合長の死亡直後に、信じられないことが起きたと言う。ひとつは、組合長が亡くなった途端に県が強力に動き出したこと。もうひとつは、漁協内でダムに反対してきた人たちの中から急に意見を言わなくなった人たちが現れたことだ。沼澤さんが存命中、漁協内にダム賛成を公言する人はあまりいなかった。仮にそう思っていても、それをはっきり主張できない雰囲気になっていたという。そうした漁協内の空気が、がらりと一変したのである。

ダム反対の旗頭を失った小国川漁協はしばらくの間、喪に服した。そして二〇一四年三月一五日、舟形町中央公民館に一〇人の理事が集まり、非公開で理事会が開催された。

組合長選挙での読み違い

この日は当初、各理事に組合長就任の意欲を確認するだけで終わるはずだった。ところが、理事の中から「いつまでも組合長不在のままではまずい。早く決めるべきだ」との意見が出され、急遽、組合長選挙となった。路線の継承(ダム反対)を掲げて名乗りを上げたのは、沼澤組合長とずっと行動を共にしてきた最上町の青木公・理事。もう一人、舟形町の高橋光明・理事も手を挙げた。こうして、無記名投票による組合長選挙が実施された。

結果は六対四で高橋理事が勝利し、同日付けで新組合長に就任した。ダム反対を強く訴えてきた青木理事に対し、高橋新組合長のスタンスは判然としていなかった。

組合長選挙の結果に青木理事は愕然とした。事前の票読みでは、六票はいけるとみていたからだ。自分が負けるとは思ってもいなかったのである。この読み違いがまたしても、漁協にとっての大きな分水嶺となる。

沼澤前組合長時代の漁協も、ダム反対で一致結束していたわけではない。一一人の理事の中には、「ダム容認派」や「中間派」が混じっていた。なにしろ漁協といっても、漁業を生業とする組合員は少数派で、別に本業を持つ組合員のほうが圧倒的に多数派である。それは理事も同様で、建設業や県会議員、自営業、なかには県職員ＯＢもいた。新組合長に就任した高橋氏は、塗装会社の経営者である。沼澤前組合長の右腕的存在だった青木理事は、ダムに反対する理事は実質的に六人で、他の四人はダム容認派や推進派とみていたのである。

高橋新組合長は理事会終了後、詰めかけた記者の質問に答えた。小国川流域の治水をめぐる県との協議については「県から要請があった場合には、組合員の意見を聞きながら応じていかなければならない」と述べ、協議会への参加を継続する姿勢を明らかにしたうえで、「小国川流域の地域活性化を進めたい」との抱負を語った。漁協組合長の任期は通常三年だが、高橋新組合長の任期は亡くなった沼澤前組合長の任期期間である二〇一五年六月までとなった。

こうして漁協の新体制がスタートし、山形県との協議が再開される。そのための打ち合わせが、高橋新組合長と県との間で始められた。県の担当は農林水産部の阿部・技術戦略監が継続し、会合場所を漁協事務所から舟形町の中央公民館に移して行われることになった。

二回目の「最上小国川流域の治水対策等に関する協議会」は、二〇一四年四月一二日に開催され、組合長の衝撃的な自殺直後とあって、メディアの関心を集めた。

協議会に臨んだ高橋組合長は、沼澤前組合長の路線を引き継ぐことを表明。ダムによらない治水を県に求め、ダムなし治水を検討するためにも「協議の場にダムや河川、環境保全に詳しい有識者を入れるべきだ」と提案した。これに対し赤倉温泉の住民から「有識者を入れたら、また議論が振り出しに戻ってしまう。赤倉温泉では大雨のたびに消防団が出ている。誰か被害に遭ったら誰が責任を負うのか」という意見が出され、漁協の提案は退けられた。

こうして、協議会はダムありきではない議論どころか、ダムありきの議論に終始した。県は穴あきダムの説明を繰り返し、漁協側がそれへの不安や疑問を指摘する展開になったのである。会合は、初回よりもさらに県主導で進んだ。

三回目の協議会は四月二九日の午後一時半から、新庄市内の山形県農業大学校緑風館で開かれた。これが最終会合である。全面公開となり、広々とした部屋が用意され、メディア関係者や傍聴者が多数詰めかけた。

官主導による合意形成

行政が主催する会合を傍聴すると、官主導による「合意形成」の巧妙なやり口を見せつけられることがよくある。あまりに手際のよい巧者ぶりに、背筋が寒くなるときさえある。

行政側は膨大な資料と難解な専門用語を駆使し、ひたすら自分たちの主張を繰り返す。自分たちに都合の良い学者の意見のみをうまく拾い集め、裏付けに利用するのである。その学者が著名で、いわゆる権威であればあるほど、好都合だ。相手側(住民など)の異論には一切、耳を傾けず、排除する。徹底的に無視するか、さもなければ、「ご理解いただけないようですが」と慇懃無礼に言い放つかである。

その一方で、得心がいかないような人たちへの甘いささやきも忘れない。地域振興策などの餌を絶妙なタイミングで撒く。相手側に諦めムードが漂い始めたころに、そっとさり気なく提示するのである。もちろん、そうした餌も税金を使って取りそろえる。

相手側が実行への担保なき振興策につられて、行政の設置した土俵に上がってくれれば、すでに勝ったも同然だ。行政への異論は時間の経過とともに勢いを喪失し、いつしか反対を叫ぶ声は雲散霧消する。こうして官主導の「合意形成」が、ものの見事に完成する。これこそ日本の行政のお家芸と言える。さまざまな手練手管を駆使し、相手を自分たちのペースに巻き込み、思いどおりに行政を運営できるようになってこそ初めて、能吏として認められる。そうなれば、官の世界での出世はもう間違いない。

三回目の協議会の出席者は県側が農林水産部長ら五人、漁協側が正副組合長や理事、監事、常任委員ら一〇人、最上町と舟形町が町長と町議会議長など二人ずつ、そして赤倉温泉の住民が三人。さらに、「最上小国川流域産地協議会」（七二ページ参照）の悪七幸喜《あくしちこうき》・会長が座長として加わり、合計で二五人。その全員が男性だった。

悪七座長の開会の挨拶でスタートしたが、座長はマイクを置かずにそのまま言葉を続け、ややテーマにそぐわないような話を口にした。

「小国川といえばアユです。漁協が育成して放流していますが、水が不足しています。水産振興の面で重要なのは水をどうするか、その量と水質と温度です。喫緊の課題なので、よろしくお願いしたい」

その後、県側が配布した資料をもとに、こまごまとした説明を始めた。項目は次の五点だ。①流水型ダムにおける有識者の関与について、②穴詰まり対策について、③工事中の濁水処理について、④赤倉地区の内水被害対策について、⑤治水対策とは直接、関わりのない、最上小国川流域振興について。県がいうところの「治水対策等」の「等」が、この⑤である。

県がとりわけ力をこめて説明したのが、穴詰まり対策と流域振興策だった。「ダムありきで検討してきたわけではありません」「四案について総合評価し、流水型ダムが最良となりました」と強調しながら、穴あきダム建設を大前提とした説明を展開していく。そして、最後に「ダムのない川以上の清流・最上小国川を目指して総合的な取り組みを進める」と、大見得を切った。

だが、果たしてそんなことが本当に可能なのだろうか？　ダムを造りながらダムのない状態の清流を維持し、かつ、それを上回るような川の流れをつくり出せるものなのだろうか？

会場内からこうした素朴な疑問を投げかける声もなく、県は淡々と説明を続ける。そして、若松・農林水産部長が漁業権更新時の漁協とのやり取りについて、こんな釈明を行った。

「公益上の配慮の内容については幾度となく、(沼澤組合長などに)説明させていただきました。ですから、平成二五年一二月まで説明がなかったということはあたりません」

こうした県側の長い説明が終了し、出席者との意見交換となった。と言っても、漁協など県以外の出席者が個々に質問し、県側がそれに答える形で進行した。つまり、実質的には県が示した方針についての質疑応答である。漁協側の一人、伊藤太一・常任委員が口火を切った。沼澤前組合長を苦しめた漁業権更新時のやり取りについてである。

「漁協に何度も説明したということですが、(漁協側は)県が求めていることがわかりかねた、理解しかねた。なぜ、紙に書くなどわかりやすく示さなかったのですか?」

これに対し、県側はさらりと答えた。

「文書で示すことはしていませんでしたが、意を尽くして説明いたしました。(漁協側から)文書で示してくれとは聞いていませんでしたし……。県としては、漁業権の申請があったところに与えるのが基本です。(公益上の配慮について)確認ができたので、(小国川漁協に)付与いたしました」

新組合長はダムに賛成なのか反対なのか

その後もしばらくやり取りが続いた後、高橋新組合長が初めてマイクを握って語り始める。その瞬間、広い会場内がピーンと張り詰めた。

「二回目の協議会のとき、私はただの理事でした。二回目から組合長として出席しておりますが、県の方からは丁重に対応してもらっていると思っています。ただ一貫して言えることは、ダムに反対という立場は変わりません。ダムによってアユの生育に影響が出てくるのではないかとか、(小国川の)イメージが壊れてしまうのではないかとか、いろいろ懸念されるからです。しかし、漁協の組合員も流域住民であることに変わりなく、赤倉地区の洪水対策は緊急なものと考えております。(県から)総合的な提案が示されましたが、十数年前から県が住民や漁協の話に耳を傾ける姿勢で、こうして協議が進められていたらなというのが、私の感想です。県の提案については、漁協としてこれから検討させてもらいたい」

ダム建設への柔軟な姿勢の表明と受け取れた。

その直後に赤倉温泉で三之亟《さんのじょう》旅館を経営する男性が、こう直言した。高橋孜《つとむ》さんだ。

「そもそも赤倉温泉の洪水対策は、護岸を直してほしいというところから始まった話です。それがいつしかダムの一人歩きとなってしまい、護岸の整備が一カ所もされておりません。ダムはいりません。もっとじっくり話し合うべきかと思います」

この発言に鋭く反応し、ダム建設を強く要請したたのが、赤倉温泉の町内会長（当時）の早坂義範さんだった。

「昭和六二年からダムをめぐる議論が続いています。私は今日が最後だと思っています。どうか災害のリスクがないようにお願いします」

それに呼応するように、漁協の信夫榮・理事が発言した。

「漁協が一番心配しているのは、（穴あきダムの穴が）土砂で詰まることです。その点について万全の対策をとっていただければ、大きな声でダム反対とは言えなくなります」

県はこの発言を「待っていました」と言わんばかりに、穴あきダムの穴詰まり対策について再度、懇切丁寧な説明を始めたのである。まるで事前に打ち合わせていたような展開だった。

その後である。漁協の八鍬《やくわ》啓一・常任委員が、端的かつ本質を突く鋭い質問をした。県が初めて開陳した流域振興策についてである。

「漁業振興策はダムの引き換えでないと、できないものなのか。本来なら（ダムとは関係なく）県として行うべきことではないのか。ダムを容認したら、これらをやってやるといった風に聞こえますが？」

県からすると痛いところを突かれたのだろうか。この質問への回答や説明、反論はなかった。

さながら県への陳情の場と化す

意見交換はさらに続き、最上町の高橋重美《しげみ》・町長がマイクを握った。実は、穴あきダムは最上町が県に要請したものだった。高橋町長はその点を意識してか、こんな話から切り出した。

「漁協の人から、水を溜めないダムもあることを教えてもらいました。穴あきダムでは流木が詰まるのではないかという心配がありましたが、その対策を出してもらいました。ダムありきではなく、四つの対案を丁寧に議論して今日に至ったと思います」

高橋町長は県の治水案を評価し、「（治水対策と地域振興策の）両立案を絵に描いた餅にしないでいただきたい。町としてもきめ細かい提案をし、まちづくりに反映させていきたいと思います」と、流域振興策への期待を表明した。

舟形町の奥山知雄・町長も同様だった。

「組合長からこういう協議の場を一〇年ぐらい前から続けていたらという話があったが、同感です。いまの県の提案は、漁協の声に応えたものだと評価したい」と語り、「清流小国川を礎にして、漁協にカネがどんどん入っていくような仕組みを県と町、漁協の四者でつくっていけないものかと思います」と、県の提案にもろ手を挙げて賛成したのだ。

二町の議員らは、より直截簡明だった。治水についての意見表明というより、県への陳情のような発言になっていく。

たとえば、ある最上町議は「一刻も早い実現をお願いしたい。流域の人が住まなくなるようでは、治水対策の意味をなさない。ダムの建設と同時に、地域振興を進めていただきたい。一〇年といわず、短期間で達成してもらいたい」と、県に強く求めた。また、ある舟形町議は「赤倉温泉の早急な治水対策が必要です。町の元町長や議員やそのOBなど二〇人に意見を聞いたところ、ダム反対は一人だけ、三人が保留で、残りは全員、穴あきダムに賛成でした」と語り、別の舟形町議は「漁協の皆さんに、ぜひともご協力をお願いしたい。一日も早く本体工事ができるようお願いします」と、漁協にダムへの同意を迫ったのである。

会場内に同調圧力が広がり、漁協側の反応を待つような雰囲気が漂った。それまで沈黙していた青木理事がマイクを握り、悔しさを滲ませながらこう語った。

「さきほど県からダムありきではないとの発言がありましたが、残念ながら県はダムを造りたいというお願いに費やしたと思います。漁協の意見も検討するということで、この協議会は始まったはずですが、ダムの説明に尽きてしまった。協議という名の説明会でした。意味のある協議会にしていただきたかったのですが、非常に残念です」

青木理事の悲痛な叫びともいうべき発言に対し、県側からの反応はなく、完全にスルーされてしまった。司会役の悪七座長も青木理事の発言に触れることなく、さっと話題を切り替え、県側にこんな質問をぶつけたのだ。

「今回発表した流域振興策は、県としての正式な提案ですか？」

漁協にイエスを迫った県

これに対し、県側は突然、漁協側にボールを投げ込んだ。

「はい、正式な提案です。漁協としての判断を、漁協の総意を、お示ししていただきたい」

ダム治水と振興策のセット案を受諾するか否か、イエスかノーかを漁協側に強く迫ったのである。

会場内は水を打ったように静まりかえり、マイクを握って立ち上がった高橋組合長に、すべての視線が集中した。組合長はうつむきながら、やや小声でこう述べた。途中で声を詰まらせる場面もあった。

「(ダム案の賛否を)総代会に諮ることを理事会で提案します。総代会後に県にご返事を申し上げたいと思います。(ダムに)反対の立場を通してきた沼澤(前)組合長の思いをくんで今日までやってきましたが、一段階上げて、組合員に賛否を問いたいと思います」

高橋組合長のこの発言で会合は終了した。時計の針は午後四時を回っていた。

協議会そのものもこの日をもって閉幕となり、「ダムありきではない話し合いをする」との言葉を信じて協議会に参加した漁協は、ダムへの賛否を改めて問うことを約束させられることになる。県の能吏たちの粘りと執念、そして、周到な根回しの勝利と言えた。絶妙なタイミングで撒いた餌に大きな魚がうまい具合に引っ掛かったとも言える。なお、協議会の座長を務めた悪七氏は県の職員ＯＢで、元農林水産部長である。

最上小国川流域の自治体の関係者Ａさんは、こう解説してくれた。

「行政というのは、切り崩しが得意なんです。とくに県は交渉が上手です。それ専門の職員もいますしね。漁協側も、老朽化した施設の改修などに県の手助けが必要です。漁協側が県との協議に乗っかった段階で、流れはすでに決まったと思います」

こうして、長年、「ダムによらない治水」を求め続けてきた小国川漁協は、その旗を降ろすかどうかを組合員に問うことになる。

第3章

寝返りと沈黙、そして無関心

ダムによらない治水を求めて駆けつけた有識者たち
〈写真提供：草島進一氏〉

長年、ダム反対を貫いてきた小国川漁協に大きな亀裂が生じた。いや、より正確に表現すれば、沼澤組合長という大きな重しを失ったことで、組織内に潜在していた綻びが一気に表面化したのである。

ダムをめぐる組織内の亀裂は山形県との協議会終了後に一気に拡大し、もはや取り繕うことのできないものとなった。流れは明らかに変わり、これまで漁協内で息を潜めていたダム賛成派や容認派が一気に攻勢に転じる。一方、強力なリーダーを失ったダム反対派は急速に勢いを失い、漁協内においても守勢に立たされることになった。

山荘での緊急会合

三回目の協議会が終了した二〇一四年四月二九日の夜、新庄市内の山荘に十数人の男たちが集まった。「守る会」のメンバーたちである。一様に感情の高ぶりを隠せずにいた。それも無理からぬことで、全員が先ほど終わったばかりの協議会を傍聴していたからだ。新しい組合長がダムの賛否を組合員に問うことを表明した、あの重大場面を目撃していたのである。

その会合は、協議会後の取り組みについて話し合う拡大幹事会だった。地元の最上町や舟形町はもとより、新庄市や山形市、鶴岡市などから主要メンバーが集まっていた。漁協の青木理事らも駆けつけ、部屋の中は人であふれかえった。初めて顔を合わせるという人も少なくない。まずはそれぞれが自己紹介を兼ねながら、自由に感想や意見を述べ合った。

「県の穴あきダムの説明は杜撰だった」

「組合長が代わってダム賛成となったら、漁協は笑い者になる」

「どんな振興策をつくっても、ダムができたら川は死んでしまう」

「ダムができると石が下流に流れなくなり、アユの餌となる藻が生える石場が減ってしまう。それは穴あきダムでも同じだ」

「ダムのない小国川にダムを造って、より清流にするなんてありえない」

「沼澤組合長と県とのやり取りの全貌を明らかにするべきだ」

「総代会で(ダム容認か否かを)多数決で決めることになるのか？」

「総代は支部総会での意見を受けて判断するのか、それとも個人の考えをそのまま示すのか？」

「総代会に向けて、多数派工作が必要になると思う」

「一般の人はここまできたらもう終わりだと思ってしまうので、きちんと反論すべきだ」

誰もがダム建設への大きな流れを肌で感じており、それを何とかして押しとどめねばと危機感を募らせていた。

その場に、醸し出す雰囲気がやや異なる人物がいた。髭を生やした彼は、自分の意見をズバッと言う。なにより、話す言葉になまりがない。漁協組合員の下山久伍さんだ。

話を聞いてみると、まるで『釣りバカ日誌』の浜ちゃんのような人物だった。サッポロビールに勤めていた下山さんは大の釣り好きで、工場勤務をしながら全国の川を釣り歩いていたという。手掛けたのはもっぱらアユの友釣りで、全国規模の競技会に参加したこともある。そんな下山さんは最上小国川と出会い、その素晴らしさに魅了されてしまったという。足しげく通ううちに、とうとう移住を決意。会社を早期退職して川沿いに自宅を新築し、家族とともに移り住んだ。まったくのよそ者ながら、いまや誰よりも最上小国川に精通する漁協組合員となっていた。下山さんの話は、第6章で詳しく紹介したい。

自己紹介が終わると、拡大幹事会は予定していた議題に入った。まずは、今後の動きをどう捉え、「守る会」としてどのように対処するか。主題となったのは、言うまでもなく六月に開催予定の総代会への対応だ。チラシを作成し、最上町と舟形町へ全戸配布することや、漁協の全組合員に呼び掛け文を送ることなどが決まった。

さらに、「守る会」が三週間後に開催を予定しているシンポジウムについての最終確認がなされた。流域住民に最上小国川ダム問題への関心を高めてもらおうと、治水や河川環境、温泉、漁業権といった各分野の第一人者を呼び集めてのシンポジウムである。すでに、草島共同代表が、パネラーの人選や交渉などに奔走していた。最後に、会のメンバーが原告となっている「最上小国川ダム建設差止め住民訴訟」(以下、住民訴訟)の経過報告が行われた。

会合が終了すると、外はすでに真っ暗闇。参加者はそれぞれの車に乗って家路を急ぐのだが、その姿を追いながら意外に思ったことがいくつかあった。ひとつは、参加メンバーに漁協の組合員が少なかった点だ。中心メンバーが、こんな裏事情を話してくれた。

「最初のころは沼澤組合長も『守る会』の会合によく顔を出していましたが、そのうち組合員の中から『組合長は守る会に動かされている』といった陰口が出るようになり、あえて会と距離を置くようになりました。そんなときにS理事が『俺が理事長の代わりに(守る会の)幹事会に出るよ』と言ってきたんです。Sさんはその言葉どおりによく会合に顔を出しては、われわれに漁協の情報も提供してくれました。沼澤組合長が亡くなったときも『ダムに反対している理事を組合長にする』と意気込んでいましたが、ある時期からパタッと顔を出さなくなりました。Sさん以外にも、われわれとの接触を避けるようになった人がいます」

もうひとつは、最上町と舟形町の住民がほとんどいない点だ。実際、最上小国川の清流を守る運動は、流域住民ではない人たちに担われていた。地元から遊離しているというのは、やや酷な物言いかもしれない。だが、そんな印象を受けたのは間違いない。

さらにもう一点。山荘での会合に女性の姿が一人もなかったことだ。

当時者はすべての流域住民

ダム建設の是非は、漁協のみが決定すべきものではない。もちろん、事業主体の山形県や水害被害に見舞われている赤倉温泉の住民だけが決定すべきものでもない。本来、治水をどうすべきかは流域住民が考え、その解決策を決めるべき地域全体の課題である。最上小国川に漁業権を持つ漁協のみが当事者なのではなく、流域のすべての住民が当事者として考えるべきものだ。

もっとも、現実はまったくそうなってはいない。それこそが最上小国川ダム問題の隠れた本質だと考える。ごく一部の人たちしか関心を持っておらず、他人事のように捉えている住民がほとんどである。そんな現実は、県にとってはむしろ好都合だったのではないだろうか。自分たちの思いのままに事業を進められるからだ。

ここで、ちょっとおさらいしておきたい。穴あきダムの建設にこだわる県の主張についてである。

赤倉温泉地区は水害にたびたび、見舞われてきた。だから、何らかの治水対策が必要である。しかし、大規模な河川改修を行えないという特殊事情があり、上流にダムを建設して洪水調整する手法がもっとも合理的と判断したという。とはいえ、日本有数の清流に影響を及ぼすことはなんとしても避けたい。そこで、通常時には川の水を下流に流す穴あきダム方式を採用し、治水と清流の両立を図りたい。これが県の一貫した主張である。

この論の大前提となっているのが、「赤倉温泉地区では大規模な河川改修を行えない」という一点である。県はその理由を「川を掘り下げると源泉に悪影響を及ぼす」と説明し、過去の出来事を必ず持ち出していた。こうした県の説明を信じた人たちが「それならば仕方ないな」と賛同していったのだ。

ダム論の大前提に疑義あり

ところが、こうした山形県の一連の説明の論拠を覆す重大な事実が発覚した。前述した「守る会」の拡大幹事会でのことだ。住民訴訟の清野真人・原告団事務局長が頬をやや紅潮させながら、メンバーたちに初めて明かしたのは、その場にいた誰もが耳を疑うような衝撃的な事実だった。

県は一九八八年一一月、川沿いギリギリに温泉旅館などが立ち並ぶ赤倉温泉地区で、最上小国川左岸の護岸工事に乗り出した。その一環として河床を掘削したところ、温泉が噴出するアクシデントに見舞われる。加えて、対岸である右岸の温泉旅館・金山荘の女性経営者から猛烈な抗議を受けるという思いもかけぬ事態となった。源泉の湯温が一〇度も低下し、営業に支障をきたしたと、最終的には民事調停を申し立てられたのである。

山形県側は民事調停の場で女性経営者の主張に徹底抗戦せず、多額の賠償金を支払うことに合意した。事実上、金山荘側の言い分の丸呑みで、白旗を上げたに近い。県は一九九五年までに、賠償金などとして計四四五〇万円を女性経営者に支払ったのである。それ以降、県はこの「金山荘事件」を根拠に、「赤倉温泉地区の河床には手を加えられないし、加えてはならない」ことをいわば不文律とした。

県はその後、最上小国川の河床掘削による赤倉温泉への影響を調べる「赤倉地区温泉影響調査」を実施し、二〇〇八年度に報告書としてまとめた。学識経験者の指導を受けて県が公式に実施した調査の結論は、「川床を掘削することは、源泉に対して著しい影響を与える可能性がある」というもので、県の長年の主張の正しさを裏付ける形となった。ところが、この調査にも裏があったのだ。その詳細は第4章で後述する。

こうして、赤倉温泉地区では大規模な河川改修は不可能というのが定説となる。県はその主張を裁判でも繰り返し、穴あきダムによる治水の必要性を強調した。さらに、県は調査を委託した地質調査会社が記録した源泉の湯温などの資料を、証拠文書として裁判所に提出する。それは、非公開とされていた新資料であった。

住民訴訟の原告である川辺孝幸・山形大学教授(「守る会」共同代表)と清野事務局長がこの県側の証拠資料を徹底的に分析し、ある重大事実に気付く。金山荘の湯温の変化である。県が行った護岸工事の前後で、湯温に大きな変化が生じていないことがうかがえたのだ。

山形県が提出したデータによると、金山荘の湯温は護岸工事前の一〇年間は四一~四九・五度の範囲で推移し、護岸工事の一カ月後も四〇度を維持していた。そして、湯温が一〇度も下がったのは、護岸工事の一年後の一九八九年一一月だった。護岸工事で湯温が低下したとの抗議を受けて、県が金山荘で実施した源泉の穴を広げるボーリング工事の後である。それはとりもなおさず、県が行った護岸工事で湯温が下がったというのは事実ではないことを意味する。つまり、濡れ衣だったのである。「河床に手を加えてはならない、加えられない」という県の主張は、事実誤認に基づくものだったと判断せざるを得ない。

では、なぜ、県は民事調停の場で堂々と、金山荘側と争わなかったのだろうか？　自分たちが集めたデータをしっかり解析せず、なぜ、相手方の言い分を信じ込んでしまったのだろうか？　当時はそんな杜撰な仕事ぶりがまかり通っていたのだろうか？　さらに、それでは県が二〇〇八年度にまとめた「赤倉地区温泉影響調査報告書」とは何だったのかという疑問も湧いてくる（これらについても第4章で詳述する）。

清野さんから聞かされた衝撃の事実に誰もが仰天し、言葉を失った。「まさか、そんなことが」と思ったのである。

その翌日、この話を前出の自治体関係者Aさんにぶつけてみた。ダムをめぐる県や漁協の一連の動きを間近で見続けている人物である。どんな反応を示すか探ってみたかったからだ。

冷静沈着なAさんは「計画されている穴あきダムならば、清流への影響はそれほどないのでは」と語り、個人的にはダムを容認する考えを口にしていた。もっとも、「でも、実際に（穴あきダムの運用を）やってみないと（清流への影響は）わからない点もありますね。護岸整備ができればよいのですが……」と語るなど、積極的にダムに賛成している風でもない。県の話を信じて、やむをえないと判断しているようだった。その最大の決め手となっていたのが、「大規模な河川改修ができない」という県の説明だった。Aさんはもちろん、金山荘の一件も知っていた。

清野さんから聞いた話を切り出すタイミングを見計らいながら、雑談を重ねた。そして、ここぞというときに「実は」と清野さんが検証した内容を伝えると、Aさんは「えっ！」と驚きの声を上げた後、しばらく絶句してしまったのだ。そのあまりの驚きぶりに、今度はこちらも仰天した。

総代会が天王山に

小国川漁協は二〇一四年五月一六日に理事会を開催し、ダム計画への対応をめぐって協議した。理事一〇人が勢ぞろいし、約五時間にもわたる激論となった。ダム反対の理事から「総代会でダムへの賛否を問うにあたり、理事会としての方向性を示すべきでは」との意見が出され、話し合われたという。

しかし、意見はまとまらず、結局、無記名による投票に持ち込まれた。結果は、「ダム建設やむなし」が六票に対し、「ダムによらない治水対策」は四票。二カ月ほど前の組合長選挙と同じ票数である。総代会の期日は六月八日に正式決定された。

理事会を終えた高橋組合長は詰めかけた記者に「断腸の思いでダムやむなしとした理事が六人いた」と語り、「このへんで組合員の声を聞いてみるべきだという思いが、理事の中にあったのではないか」と解説したという。

メディアはこの総代会を「天王山」とか「ヤマ場」と称し、その行方に注目した。すでに水面下で、さまざまな切り崩し工作が展開されていた。

漁協の理事会が開かれた翌日の一七日から二日間、「守る会」などの共催による前述のシンポジウムが開催された。一日目の場所は新庄市文化会館だ。全国から河川工学や治水、環境経済や漁業、地質や温泉といった分野の第一人者が集まり、「最上小国川の真の治水を求めて」をテーマに話し合った。パネラー席に並んだ顔ぶれを紹介しよう。

治水の専門家である今本博健《ひろたけ》・京都大学名誉教授と大熊孝・新潟大学名誉教授、アユの生態に詳しい朝日田卓《たかし》・北里大学教授、地質学を専門とする川辺孝幸《たかゆき》・山形大学教授、漁業権に詳しい熊本一規《かずき》・明治学院大学教授、環境人文学の川村晃生《てるお》・慶応大学名誉教授、全国のダム問題に精通する水源開発問題全国連絡会の嶋津輝之・共同代表、釣り雑誌を出版するつり人社の鈴木康友社長らだ(肩書きは、いずれも当時)。

シンポジウムを企画した「守る会」のメンバーは、漁協組合員や流域住民にダム問題への関心を高めてもらおうと意気込んだ。そして、山形県や最上町、舟形町の担当者や自治体議員らにも参加を呼び掛けた。なかでも、県に対しては二日目に行われるシンポジウムに県土整備部長と県推薦の河川工学者の出席を要請。治水対策について公開討論することを求めた。

しかし、県はこうした要請に応じることなく、シンポジウムへの不参加を表明。県のホームページに、こんな「出席お断り文書」をアップした。

「最上小国川の治水対策については、これまで五〇名を超える有識者が関わり、五〇回を超える会議等を重ねてきました。

また、最上小国川流域においては、治水対策と内水面漁業の振興との両立を図ることが大切であり、地域をよく知っている者同士がしっかり話し合い、信頼関係を築いていくことが重要であると考えています。このような考えの下に、県は平成二六年（二〇一四年）一月から漁協と協議を始め、三回目の協議（平成二六年四月二九日）で議論も尽くされたことから協議を終了いたしました。

こうしたことから、このたび要請のあったシンポジウムへの出席は考えていません」

県の言い分を意訳すると、こういうことではないか。

「すでにわれわれが人選した有識者との会合を何度も重ねてきており、いまさら地元以外の『ダムによらない治水』を主張するような有識者と話し合うことに意義を見いだせない。漁協との協議も予定のスケジュールをこなしており、やるべきことはもう終了している。議論が尽きたかどうかは別として、すでに方向性は決まっている。いまさら、そうした話し合いの場に出ることなどありえない」

初日の一七日は「ダムによらない治水」と「漁業権とダム」について議論し、翌日は会場を最上町の「お湯トピア最上」に移して「小国最上川の真の治水を求めて」というテーマでのシンポジウム。パネラーを務めた専門家はいずれも県の主張に疑問を呈し、ダムによらない治水こそ地域の真の安心・安全につながると指摘した。

たとえば、今本・京大名誉教授は「河床が高い状態の赤倉温泉街は、ダムができても危険です。河床掘削や護岸整備が優先されるべきで、技術的に可能です。それを行えばダムは不要です」と明言した。また、アユなどへの影響について、朝日田・北里大学教授は「県がいう『アユへの影響が少ない』ということは「影響がある」ということです」と指摘し、「穴あきダムは決して環境にやさしくはありません。これだけの清流をダムによる環境破壊の実験場にしないでください」と訴えた。地域の未来を考える際に参考にすべき、有意義な内容のシンポジウムとなったのではないだろうか。

広がらないダム反対運動

だが、シンポジウムを企画した「守る会」などの熱意や努力は、あまり報われなかった。会場内は熱気ムンムンとはならず、いまひとつの盛り上がりに終わった。会場に足を運んだのはいつもの顔ぶれが中心で、男性ばかり。行政関係者や議員、地元の一般住民の姿はほとんど見られなかった。地元メディアも事前に大きく取り上げず、当日の取材も熱心とは言い難かった。「ダム反対派がまたパフォーマンスをやる」と冷ややかに見られてしまったようだ。

地元ではすでに、ダムによる治水で決まりといった雰囲気が広がっていた。そうしたこともあってか、シンポジウムは参加者の広がりを欠く、身内の集まりのようになった。また、ダム事業に批判的な著名な学者などを集めるといった権威主義的な発想への違和感をいだいた地元の人もいたようだ。だが、それだけではなく、主催者側が開催前に密かにいだいていた不安が的中した面もあった。

主催者側はシンポジウムの開催にあたり、会場をどこにするか迷いに迷ったという。通常ならば、最上小国川流域である最上町か舟形町となるが、彼らはあることを強く危惧していた。会場が地元となると、参加者の素性は容易に周囲に知られてしまう。それを恐れて出席を躊躇する人が出るかもしれない。そんな心配から、初日はあえて流域からはずれた新庄市内で開き、二日目だけ会場を最上町にしたのである。

結果的には、こうした配慮はあまり意味をなさなかった。シンポジウム終了後にあちこちから、「参加しようと思ったが、家族から『村八分に遭うから止めてくれ』と言われて断念した」という類の話が聞こえてきたからだ。「お上に盾突くようなことは罷りならない」という考え方が、深く浸透している地域である。自分の意見を自由に言えないような同調圧力が不気味なほど漂っていた。長いものに巻かれ、縛られてしまう住民が、たくさんいたのである。

こうして、「守る会」が総力を挙げて開催したシンポジウムは、大きなうねりを起こすことなく、幕となった。むしろ、地域の実態と実情をダム反対派メンバーに冷たく突きつける結果となったと言える。

「守る会」は大々的なシンポジウム以外にも、漁協総代会に向けた小さな会合を重ねていた。総代や組合員を対象にした、東京から漁業権の専門家を迎えての勉強会である。しかし、こちらの参加者数も実に惨憺たるものだった。総代の参加は、初回がゼロ、二回目もわずか二人にとどまった。こうした状況に、講師役を務めた大学教授は「最上小国川の運動がいかに地域住民や漁民に根差していないかを痛感した。あまりにも当事者たちの熱意が薄すぎます」と、嘆いた。そして、「当事者参加がゼロとか二名とかの勉強会には、これ以上お応えすることは困難です」と、なかば匙を投げたのである。

漁協を餌で釣る県

一方、山形県も六月八日の総代会に向けて、練り上げた策を着々と進めていた。県が新たに繰り出した策は、漁業権更新の不許可を暗にちらつかせて前組合長を屈服させた以前の手法とは一転し、漁協側へのいわば飴玉である。「こちらの要求を呑んだら、その見返りとしてメリットを与える」という、日本の行政がもっとも得意とする懐柔策だ。漁協の方針転換を引き出した三回目の協議会で県が公式提案した、一連の流域振興策の具体化である。

当時の小国川漁協にとってダム以外の重大な課題が、アユの中間育成施設「小国川漁協稚鮎センター」（舟形町。以下、稚鮎センター）の老朽化対策だった。なかでも、喫緊の課題が稚アユの育成に必要な井戸水の減少対策である。

この中間育成施設は舟形町が一九九九年に設置し、小国川漁協が指定管理者として管理を受託している。漁協が毎年、稚鮎を育成して小国川に放流する。二〇一三年度の放流量は約三八〇五キロであった。

稚鮎センターの設置費用は約二億三〇〇〇万円で、半分が国からの補助金だ。その後、制度が代わり、施設の更新などは最上小国川流域産地協議会が策定した計画に基づいて行うことになる。この協議会は二〇一三年八月に地元の自治体（舟形町と最上町）と漁協、有識者などによって設立され、山形県は担当課がオブザーバーとして参加しているにすぎない。会長は県職員OBの悪七幸喜氏で、県と漁協などによる「最上小国川流域の治水対策等の協議会」で座長を務めた人物である（四八ページ参照）。

稚鮎センターの更新費用は、地元自治体が半分を負担し、残りは国の補助金である。舟形町の現施設を建て替えるのであれば、舟形町が地元自治体として費用を負担しなければならない。

この稚鮎センターの更新とダム建設は本来、一切、関わりはない。まったく別の事業である。老朽化したセンターの更新は、ダム建設のあるなしにかかわらず地元自治体の負担などで進めねばならず、しかも、早急に取り組まねばならない特殊な事情をかかえていた。

稚鮎センターでは、井戸水を使って稚アユの育成を行う。井戸は全部で六本あり、当初は水量に問題はなかった。ところが、水枯れや水質が悪化して鉄分が多くなり、二本が使用不能となる。さらに、四本も水量が減少し、当初の七割ほどに減ってしまった。こうしてアユの育成に支障をきたすようになり、漁協は舟形町に新たな井戸の掘削を要請していた。

一方、舟形町も地域活性化の柱にアユを据え、アユの加工品などで地域を売り出そうと考えていた。そのためには、大型水槽の増設など稚鮎センターの拡充が不可欠とみられていた。だが、新たに井戸を一本掘削するだけで、二五〇〇万円はかかるという。町は施設の更新拡充の必要性を重々認識していながらも、財政事情もあってなかなか進まずにいたのである。

稚鮎センターの更新と拡充を熱望するのは、漁協だけでなく、舟形町も最上町も同様である。そんな状況を熟知したうえで、県は流域振興策を彼らの前にぶら下げたのである。協議会の場で、センターを更新・拡充する事業に県も積極的に関わることを明言したのだ。もちろん、県が進めるダム事業への協力を条件としてである。まるで、魚を釣り上げるための餌を撒いたようなものだ。

だが、県が漁協や流域自治体に示した懐柔案は、矛盾に満ちたものでもあった。冷静になって考えれば、誰もがおかしさに気付くはずだ。アユの育成に不可欠な井戸水の量と質に問題が生じたので、新たな井戸を掘削しようというのである。たしかに、井戸の整備などによって水槽での稚鮎の育成に支障はなくなる。しかし、育ったアユが放流される川の上流には、穴あきダムというこれまで存在しなかった巨大構造物が造られる。水槽ではなく、流れる川の中で生きるアユにマイナスの影響がまったくないというわけにはいかない。

しかも、本来やるべき事業の実施が、なにかの見返りというのも奇妙な話ではないか。稚鮎センターの更新・拡充事業は、内水面漁業振興策の一環として二町や県が行うべき本来の業務であるからだ。ダムと絡めて議論すべきものではないし、見返りとして提供される筋合いのものでもないはずだ。そのうえ、見返りで提供される事業や補助金のもとになっているのは、すべて税金である。

だが、現実は真逆であった。多くの漁協組合員がダム容認とセットと捉え、漁業振興策を見返りであるかのように認識した。そして、そうした誤解を誘導するようなメディアの報道が、この時期、相次いだ。県の主張を代弁するかのように、「センターの更新・拡充を進めるためにはダム容認もやむなし」と言わんばかりの記事が出稿された。こうしてダム容認へと向かう空気がより一層、広がっていった。

折から、漁協総代会の開催日、六月八日が刻々と迫っていた。

第4章 赤倉温泉と金山荘

「山の竜宮城」と呼ばれた赤倉温泉の街中を
流れる最上小国川。中央下にあるのが堰

県境の町

山形県の北東部に位置する最上町は、人口約九〇〇〇人。秋田県湯沢市や宮城県大崎市と隣接する県境の町である。町域の八割を林野が占め、古くから農林業や観光業を地域の基幹産業としてきた。「小国駒」という馬の産地としても知られる。

最上町の中央部は小国盆地で、四方を奥羽山脈の山々で囲まれている。そうした山々から集められた水が最上小国川となり、盆地内を東から西へ流れる。蛇行して流れる川沿いに、集落が点在する街道がある。江戸時代に松尾芭蕉が歩いた「奥の細道」だ。現在はＪＲ陸羽東線が最上小国川と平行するように走っている。新庄駅と宮城県の小牛田《こごた》駅(美里町)を結ぶローカル線で、別名「奥の細道湯けむりライン」と呼ばれる(一五ページ参照)。

小国地域を含む山形県中央部は、南北朝時代に最上氏の領地となった。戦国時代には最上義光が大名として君臨し、徳川幕府の樹立時には五七万石の大藩となっていた。ところが、義光の死後、最上一族の内紛が続き、幕府によって改易《かいえき》(領地の没収)を命じられてしまう。最上氏に代わって鳥居氏や酒井氏、戸沢氏、それに松平氏などの譜代大名がその遺領を継いだ。

このうち、新庄地方を所領したのが常陸(茨城県)の松岡藩(高萩市)から移ってきた戸沢氏で、小国地域もその領地に加えられた。こうして六万石の新庄藩が誕生する。小国地域は藩政後期には一三の村に分けられていたが、明治維新後の市制・町村制施行により西小国村と東小国村の二村に統合された。

寝返りの歴史

新庄藩と言えば、戊辰戦争（一八六八〜六九年）時の特異な動きで知られている。当初は奥羽越（陸奥・出羽・越後）列藩同盟に加わりながら、官軍との戦いがいざ勃発すると、官軍側についた秋田藩（佐竹家）と密約を結び、寝返ったのである。それも合戦の最中というタイミングだった。これに怒ったのが、列藩同盟の主力である隣の庄内藩（酒井家）である。許すわけにはいかないと、猛烈な勢いで新庄城に攻め込んだ。

これに対し、新庄藩は官軍側の佐賀藩（鍋島家）の援軍を得て必死に防戦したが、怒りに燃える庄内藩を押し戻すまでの力はなく、城や町は炎上。藩主・戸沢正実《まさざね》は藩士や領民を残したまま命からがら秋田へと落ち延びた。寝返りの手痛いしっぺ返しを受ける結果となったのである。

新庄藩が受けた屈辱は、それだけではない。新庄城での攻防戦で、新庄藩兵は佐賀藩兵の後方に陣を敷いて戦い、佐賀藩兵と同時に、敵陣に向けて一斉射撃した。これに仰天したのが佐賀藩兵で、後方からの発砲に大慌て。新庄藩が相手方に再度、寝返ったのではと誤解したのだ。この誤解は解けたものの、新庄藩の人たちはこの一件により自分たちが明治政府に冷遇されているのではないか、との疑念を抱くようになったという。

西小国村と東小国村は「昭和の大合併」(一九五四年)で合併し、現在の最上町が誕生する。その後、「平成の大合併」を迎え、新庄市など八市町村による大合併が模索された。しかし、合併協議はまとまらず、最上町は単独の道を歩むことになる。中心地となる新庄市が財政問題をかかえていたほか、最上町が地勢的に他の市町村と隔絶されており、生活圏も異なっていたからだ。

最上小国川沿いに広がる最上町には、いくつもの名湯があり、いずれも古い歴史を持つ。新庄市に近い下流部から瀬見温泉、大堀温泉、そして、最上流部に位置するのが赤倉温泉である。弁慶が薙刀《なぎなた》で湯を掘り当てたと言われる瀬見温泉は、新庄に近いということもあってか、江戸時代には戸沢藩の殿様らが長逗留するのが習わしだったという。一方、当時の「下々の者」たちに利用されたのが、さらに深い山の中にある鄙びた赤倉温泉だった。

赤倉温泉は瀬見温泉よりも古く、開湯はなんと一一〇〇年以上前の八六三(貞観《じょうがん》五)年。諸国行脚の旅の途中にあった高僧・慈覚大師が、村人たちが傷ついた馬を川湯に入れて治しているのを見て、錫杖《しゃくじょう》(高僧が持つ錫の杖)で岩を掘ったところ、湯が噴出したと伝えられている。いまでも温泉街の真ん中を流れる最上小国川の河原を掘ると、温泉が湧き出すと言われる。赤倉という地名の由来は諸説ある。錫杖の「赤」と谷や崖を意味する「倉」が合わさったという説や、浴槽に流れる人の垢を食べる「垢くい虫」と呼ばれる虫に由来するという説もある。

河原に出現した温泉旅館

古い歴史を持つ赤倉温泉だが、温泉旅館が営業を始めるようになったのは一〇〇年ほど前だという。地元の事情に詳しい高嶋昭さんによると、河原を掘ると湯が出るので、長年、露天の村湯として利用されていたようだ。そのうち、河床に露出する岩盤上に湯船をつくり、岩風呂として営業する人が現れた。私有地と河原との境界は、川の流れが洪水などで変わるため、はっきりしない。こうした土地を「筆界未定地」と呼ぶそうだ。

筆界未定地につくられた露天風呂が周囲から丸見えなのはいかがなものかという理由から、やがて建物で露天風呂の周りを囲うようになったようだ。こうした奇想天外な経緯を経て、温泉旅館が誕生した。第一号が三之亟旅館で、阿部旅館（現在は廃業）と湯澤屋が続いた。

これが赤倉温泉街のルーツだという。もともと河原だったところが温泉旅館の大浴場に変貌したというわけだ。野趣あふれる、源泉かけ流しの温泉である。東北随一と言われる豊富な湯量も加わり、秘湯として人気を博していく。新たに営業を始める旅館が最上小国川の両側に建てられ、温泉街が形成された。やがて、鄙びた湯治場として広く知られるようになる。

旅館や土産物店、理髪店や食堂の多くが川沿いギリギリに建てられたため、温泉街の中心部に行くほど河原はなきに等しくなった。まるで、護岸の上に林立する建物の間を最上小国川が流れるようになったのである。温泉街の一部の場所では、巨大な側溝のような様相を呈した。

そんな赤倉温泉は、もうひとつの顔を持っていた。周囲から隔絶された県境の山の中にあることが、ある意味、好都合となったのだ。小さな温泉街ながら、置屋が五軒も軒を連ねるなど、かつては知る人ぞ知る色街として賑わった。湯治客だけでなく、享楽を求めて長逗留する男性客が後を絶たなかったという。

なかでも、宮城や岩手の遠洋漁業の漁師たちに大人気となった。彼らは龍神を祀った鶴岡市の善寳《ぜんぽう》寺に安全祈願に赴き、その帰途に赤倉温泉に立ち寄って、「精進明け」する。それが海の男たちの恒例行事となった。一週間以上も長逗留する漁師もいて、彼らをもてなす女性が最盛期には数十人に達したという。なかには札束を懐に入れて博打に興じる客もいて、赤倉温泉は山の中に造られた「竜宮城」のような眩しい存在となった。当時を知る人の話によると、県境という地の利が享楽の世界を成り立たせていた側面もあったようだ。

湯や客、金が大量に湧き出る赤倉温泉の黄金時代は、昭和五〇年代まで続く。生活の糧を求めて流入する人や経営に失敗して離れる人など、人の出入りの激しい地域だった。大きな老舗旅館は別として、飲食店や土産物屋、商店などの経営者は頻繁に変わり、落ち着かなかったという。また、温泉街に湯温や成分、湯量の異なる二〇もの源泉が存在し、独自の源泉を持つ旅館が多いこともあって、温泉の集中管理がなされていない。湯の取水も排水も旅館ごとに行っている。

現在、営業している旅館は九つ。かつての名残なのか、美容院と理髪店が六店舗もある。赤倉温泉街を含む最上町富沢地区の人口は二〇一六年度末現在一七五八人で、世帯数は六二一、高齢化率は三三・七％である。

洪水多発の「山の竜宮城」

赤倉温泉街は、しばしば洪水に見舞われる災害多発地でもあった。もともと河原だったところに旅館が立ち並んだという経緯も、要因のひとつである。床下浸水や床上浸水の被害は、珍しいことではなく、そのたびに町や県に治水対策を懇願する声が殺到した。

そもそも、洪水は二つの種類に大別される。ひとつは川の水が外にあふれる「外水氾濫」だ。河川の水が堤防などを越えてあふれる、一般的な洪水である。もうひとつが、周辺から集められた雨水などがうまく川に排水されず、人家などが浸水する「内水被害」である。川底が高くなっていたり、増水によって水位が高くなったりすると、引き起こされる。

どちらの洪水かによって、当然のことながら講じるべき対策の中身も変わる。内水被害ならばダムで防ごうというのはピントはずれで、河川の整備などを優先しなければならない。

では、赤倉温泉で頻発する洪水はどのようなものだろうか。一九九〇年以降に七回（一九九四年、一九九八年、二〇〇二年、二〇〇四年、二〇〇六年、二〇〇九年、二〇一五年）の洪水が発生している。それらの被害記録を検証すると、外水氾濫だけでなく、内水被害による被害を含んでいることがわかる。とくに最近五回の洪水は、内水被害と外水氾濫が同時に起きたもの

図2　赤倉温泉

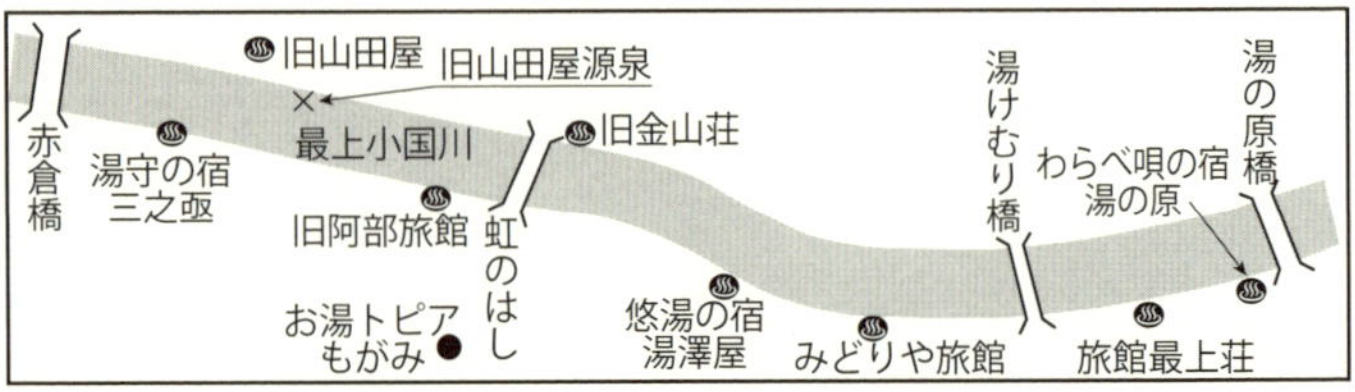

だ。そこには赤倉温泉の特殊事情が関係している。

川沿いに建てられた赤倉温泉の旅館などが洪水に見舞われる要因のひとつと考えられるのが、川の中に設置されたコンクリートの堰の存在だ。赤倉温泉を流れる最上小国川には、四つの橋が架けられている。上流から湯の原橋、湯けむり橋、虹の橋、そして赤倉橋である（図2）。下流部の虹の橋と赤倉橋の間には、高さ二メートルほどのコンクリート構造物が川を堰き止めるように設置されている。山形県が設置し、県はこの構造物を河床の浸食を防ぐ「床止め工」と称している。

だが、川を横断して設けられたこの構造物に土砂が堰き止められ、川底に堆積していった。その高さは一メートル以上にも及び、川の流れは不自然になっている。現地を見れば、それは一目瞭然である。このコンクリート構造物を撤去し、堆積した土砂を取り除けば、河床は下がる。つまり、内水被害の防止につながると考えられる。

しかし、山形県はこの構造物を「堰」ではなく「床止め工」だと主張し続け、さらに、コンクリート構造物の上流部の河床が高くなっている事実はないと完全否定している。たとえば、二〇一六年七月一九日に山形地方裁判所で開かれた住民訴訟の証人尋問で、証言に立った県土整備部の高橋和明・課長補佐は、原告側の「堰によって土砂が堆積し、河床が高くなり、川が浅くなっている」との指摘に対し、五〇年ほど前の川の写真を根拠に「河床は昔から高かった」と主張した。そして、県が設置したコンクリート構造物について「天端《てんば》(構造物の上端の平らな面)から上は堰の構造でも、下部は床止めだ」と、強弁したのだ。

では、県はなぜ、「床止め工」として「堰」を設置したのだろうか。

目こぼしされた堰が河床を上げる

問題のコンクリート構造物がいつ設置されたのか、その年次は定かではない。河川管理者の県が設置したにもかかわらず、正式な記録がひとつも残っていないからだ。地元の人の話などによると、もともとはそこに木で組んだ堰があったという。温泉旅館の経営者らが温泉の湧出量を安定させる目的で、川の水位を上げるために自ら設置したのである。その存在は、昭和初期の写真などで確認できるという。いずれにせよ、一九六四年に新しい河川法が制定されるずっと前の話である。

木で組んだ堰だから、大水が流れるたびに一緒に流された。だから、河床に土砂がたまり続けることはない。木組みの堰が流されると、地元の人は新たな堰を同じ場所に設置した。その中心的な役割を果たしたのは、堰近くにある岩風呂の温泉旅館だった。

旅館の経営者らが木組みの堰を設置し続けた背景には、赤倉温泉独特の源泉のメカニズムがある。山形県が二〇〇八年度に実施した「赤倉地区温泉影響調査」で解析にあたった山形大学の川辺孝幸教授によると、以下のような仕組みである（川辺教授はその後、「住民訴訟」の原告の一人となっている）。

堰の近くにある阿部旅館と三之亟旅館の岩風呂は、二つの湯から成っている。ひとつは岩風呂内からの自噴の源泉（約六三度）、もうひとつが川から流れ込む河川水と混合してできた温泉水（約四十数度）だ。このため、川の水位が岩風呂の水位より下がると、源泉の湧出量が低下したり、岩風呂内の湯が川に流出するといった悪影響が生じる。こうした事態を防ぐために、岩風呂の下流部に堰をつくり、水位の低下を防いだ。川辺教授によると、この二旅館以外の温泉は河川水位と無関係だという。また、二旅館も適切な防止対策を講じれば、堰を取り除いても問題は生じないと主張する。

木組みの堰の設置は、いわば経済活動を円滑に進めるうえでの窮余の一策と言える。細かな経緯をいまとなっては知る由もないが、想像するに難くない。いつしか、木組みの堰が流されるたびに新たに造り直すことが、負担となったのではないか。それで、県に陳情してコンクリートの固定堰に造り替えてもらったというのが、真相ではないだろうか。

昭和五〇年代までは観光業が地域経済の主力で、旅館経営者は地域の有力者でもあった。そのころ町議会議長になる人もいて、最上町政に多大な影響力を持っていたという。また、県の河川担当部局幹部に赤倉温泉地区の出身者がいたそうだ。

そうは言っても、河川に構造物を勝手に造ることは法律上、許されず、河川管理者の許可が必要だ。旧河川法時代から最上小国川の河川管理者は山形県知事で、おそらく当初は木組みの堰の設置を黙認していたのであろう。

ただし、正式な堰の設置となると、県は躊躇したのではないだろうか。設置の必要性や妥当性、河川への影響などをきちんと示した書類を提出しなければならないし、なによりも構造物を設置する正式な記録が残る。場合によっては過去の堰の存在が大っぴらとなり、問題視されかねないと考えたのではないか。それで「床止め」と称して、県の税金を使ってコンクリートの構造物をこっそりと設置したと考えられる。ことが大きくならないように、知恵を働かせたのである。設置にかかる費用は県の最上総合支庁の河川関連予算の中に紛れ込ませれば、露見することはない。

実際、この堰については、つい最近まで関係者の間だけで交わされる「内密の話」となっていた。ところが、ダムによらない治水を求める沼澤組合長や「守る会」の草島共同代表らが着目し、赤倉温泉の洪水との関連性を指摘して、広く知られるようになった。それまで、内水被害との関連性を洞察する人がなかなか現れず、地域における一種のタブーになっていたものと推察される。それは、山形県庁にとっても同様だっただろう。

県は堰の存在を頑として認めず

県の担当職員が証人尋問で従来の主張を繰り返した日から約一カ月後の八月二三日、山形地裁の法廷に県側の証人として、温泉コンサルタントの益子保氏が登場。赤倉温泉の湧出メカニズムについて、「地下に温泉水が詰まった風船のような袋があって、これが河川水の水圧で地表に押し出されている」と説明した。その一方で、原告側弁護士の質問に対し、「虹の橋の下にある床止め工は、温泉湧出を助けるための堰である」と、県の従来の主張とは食い違う証言をした。

山形県はなぜ、赤倉温泉では河川改修ができないと頑強に言い続けるのか。隠された事情のひとつに、この堰の存在があると考えられる。

ダムによらない治水を求める住民グループは、「違法な堰を設置し、河床を高く保ってきた県が、洪水被害の危険性を大きくしてきた」と、県を厳しく批判する。だからこそ、県は堰を認めずに「床止め工」と言い張り、その撤去も頑強に拒み続けているのではと指摘する。つまり、県にとって赤倉温泉の河川整備を行うことは、知られたくない過去を穿《ほじく》り返されることにつながりかねない。そう考えるからこそダムによる治水にこだわり続けているのではないかと、彼らはみているのである。

赤倉温泉の河床をめぐる不可解な事象は、この堰にとどまらなかった。それ以上に奇怪な話が、赤倉温泉街の川底に深く埋められていた。六三ページで紹介した金山荘をめぐる一件である。ことの発端は、ある工事ミスだった。

「ある日、阿部旅館の大女将から『県が護岸の改修をやるので立ち会ってください』という電話がありました」

こう当時を振り返るのは、三之亟旅館の高橋孜さん。三〇年ほど前（一九八八年）の出来事だ。住民訴訟の場に証拠として県が提出した文書などによると、こんな経緯だった。

赤倉温泉街のほぼ中央部にある虹の橋。その左岸に阿部旅館と三之亟旅館が並んでいた。いずれも大きな岩風呂を持つ老舗旅館に接する護岸の改修工事が一九八八年の秋、山形県によって実施された。予期せぬ事件が起きたのは、着工当日の一一月一七日である。それも朝八時半の工事開始直後だった。阿部旅館の岩風呂前の河床を七〇センチほど掘削していた重機が源泉に当たり、河床に湯があふれ出たのである。

現場は大変な騒ぎとなり、作業員が阿部旅館の古い浴衣などで湯を止める作業をびしょ濡れになりながら行った。しかし、止湯は思うようにいかない。午後になって、三之亟旅館からも岩風呂の湯温が急激に低下したとの緊急連絡が入った。あってはならない不手際に、工事関係者は青ざめた。温泉旅館にとって湯は命であり、まさに死活問題である。高橋さんは昨日の出来事のように、こう語る。

「工事前に私のほうから、『手掘りでやってほしい』と県に伝えていました。ところが、それが作業員にきちんと伝わっていなかったのか、重機で始めてしまったんです」

工事関係者は大慌てで対策を練った。そして、湯が湧出している部分に四本の塩ビ管を立て、その周りをコンクリートで埋め戻す作業を実施することにした。工事は夜の九時ごろまで続けられたという。その一時間後に阿部旅館の湯は元に戻った。翌日の午前一〇時ごろに三之亟旅館の湯も元に戻り、これで一件落着かと思われた。

ところが、事態はこじれにこじれていく。山形県が住民訴訟の場に証拠として提出した文書によると、現地調査に現れた県の職員は、そのとき初めて、対岸にも別の源泉があることを知ったという。文書には、こう記載されている。

「新庄県建設事務所……次長、……河川砂防課長、……第二係長、阿部旅館、三之亟旅館に現地調査する。この時、始《ママ》めて対岸に泉源がある旨、三之亟旅館の社長から言われ、山田屋に出向き、事情を聞く」

つまり、県は三之亟旅館の社長に対岸にも源泉があることを教えられて、初めて山田屋の存在を知り、温泉に影響が出ていないかを尋ねに行ったというのである。すると、山田屋の女性経営者から「湯がぬるくなった」と言われ、「工事実施に当たっては泉源に影響を及ぼさないよう、五者(阿部旅館、三之亟旅館、山田屋、最上振興、県)により協議し、実施する旨を伝えた」という。

しかし、三之亟旅館の社長は、県の文書の内容を真っ向から否定した。

「県に山田屋のことを伝えてなんていない。自分の旅館のことで手一杯だったし、それに対岸には山田屋のほかにも源泉はある」

そして、「あそこ（山田屋の源泉）は地下深くて、もともと湯もぬるい」と明言した。

県の河川改修工事ミスで湯温低下

一一月二一日に山形県と阿部旅館など三旅館、それに最上町の五者による協議が行われ、二つの合意がなされた。

①宿泊客が入浴できるように、工事時間を午後二時までとする。

②河川整備の設計を変更して、掘削を取り止める。

その後、阿部旅館と三之亟旅館の源泉は湯温・湯量ともに完全に元に戻ったが、山田屋の状況ははっきりしなかった。鍵がかかっていたため、源泉の湯温を計測できずにいたのである。

河川整備の工事は一一月二四日から再開され、なんとか終了した。今度こそこれで一件落着かと思われたが、またしてもそうはならなかった。

山田屋の女性経営者は、工事着工の直前（一一月一五日）に廃業届を保健所に提出し、その翌日、山田屋から一〇〇メートルほど離れたところにある建物を温泉旅館として営業登録していたのだ。新しい温泉旅館は旧山田屋の源泉から引き湯し、金山荘と名付けられた。つまり、女性経営者は定員三〇人の山田屋をたたんで、その近くに新たに定員一八人の金山荘をオープンしたわけだ。その建物はもともと土産物店だった。

この女性経営者が県に、「工事前には五二度以上の湯温が維持されてきたが、工事の事故の結果、三五度以下に低下し、復旧するに至らなかった」と、激しく抗議してきたのである。

この訴えに、地元の温泉関係者らは首を傾げたという。通常ならば、ありえない話だったからだ。金山荘の温泉は、護岸工事から約二五メートル離れた対岸の深さ約三五メートルにある源泉(旧山田屋の源泉)から汲み上げたもので、それを一〇〇メートルほど引き湯して利用していた。もともと湯温はそれほど高くなく、四一～四九度の間を推移していた。一方、阿部旅館や三之亟旅館の源泉の湯温は六〇度前後と、きわめて高い。

金山荘の女性経営者は、強い個性の持ち主だったという。そもそもは置屋のやり手女将で、建物と温泉権を購入して温泉旅館の経営にも乗り出した。置屋時代に各界各層への幅広い人脈を構築しており、地域の情報通でもあったという。その人脈は県内の政財官にも及んでおり、どこにでもいるような普通の女性ではなかったのである。番頭役の男性も女将に負けず劣らず、口八丁手八丁のやり手だった。

やり手女性経営者が県を責め立てる

女性経営者は県の工事によって湯温が低下し、旅館の営業ができなくなったと、県を激しく追及した。この訴えに県側は慌てふためき、どう対応すべきか苦慮するはめになる。担当の河川課長が自然保護課長に所見を求める文書まで送っていた。一九八九年一月二五日に、自然保護課長宛てにこんな照会文書が届けられたのだ。文書のタイトルは「最上小国川(赤倉地内)河川工事に於ける源泉への影響に関する所見について(照会)」。内容は以下のとおりである。

「日頃より河川行政には特段のご理解とご協力を賜り感謝申し上げます。つきましては、標記の河川工事を、周囲の影響等を考慮し関係者の同意を得てかつ、その工法についても十分検討し施工いたしましたが関係者と考えていなかった山田屋より、河川工事の結果源泉に影響が出たとの申し出があったため、工事内容等その他資料を添付いたしましたので、河川工事との関係について貴職の所見を頂きたいので、よろしくお願い致します」

照会文を読むと、県の河川工事担当者は山田屋(金山荘)に工事の影響は出ないと考えていたことがわかる。県にとっては、女性経営者からのクレームそのものが想定外だったのである。

河川課長からの照会に対し、自然保護課長はわずか二日後の一月二七日に文書で回答を寄せた。

「工事内容等の資料と赤倉温泉の特性に基づき検討してみると、照会事項である源泉変化の要因のひとつが、河川工事である可能性が強いと考えられます。このことから、変化が認められる源泉への対応並びに今後の温泉地内における河川工事施行については、十分なる配慮を願います」

この回答を受け、県の出先機関が専門業者に金山荘の源泉調査を依頼。調査は二月一六日に実施され、「小国川の水位の変化（工事中に川の流れの一部を止めて、片側にのみ河川水を流した時点）に供なって、源泉周囲に河川水が流入してきたと考えられる」との調査報告書が提出された。なお、調査時の湯温は四一・五度である。

こうした経緯を経て、山形県は金山荘の女性経営者の訴えを認めた。一九八八年一一月から八九年一月中旬までの営業不能による損害金として二五〇万円を支払い、そのうえで、暫定措置として、すでに廃湯されていた別の源泉（大場廃湯）から金山荘に湯を引き、当座をしのぐことで納得してもらった。もちろん、そのためにかかる費用も県が負担した。

だが、それでも女性経営者からのクレームはやまなかったという。そこで、一九九一年四月に最上町役場で、県と女性経営者、それに最上町の三者で協議することになった。その結果、最上町が開発を計画している源泉から金山荘に分湯することなどで、なんとか合意にたどりつく。ところが、肝心の源泉の確保の見通しがなかなか立たず、しびれをきらした女性経営者が新庄簡易裁判所に民事調停を申し立て、県にさらなる補償を求めたのである。オンブズマン活動で知られる佐藤欣哉・弁護士が女性経営者の代理人となった。護岸工事から四年近くが経過した一九九二年一〇月のことだ。

なぜか山形県は大幅譲歩

女性経営者の代理人となった佐藤弁護士の話によると、女性経営者は民事調停を申し出るにあたり、複数の県会議員に相談に行っていたようだという。そして、ある県議を経由して代理人の話を依頼してきたと、当時の経緯を語った。つまり、女性経営者は県相手に堂々と渡り合える弁護士を探し求め、佐藤弁護士を代理人としたのである。

調停の場での争点は「県の河川工事が金山荘の源泉を破壊したかどうか」の一点だった。佐藤弁護士は「川のごみが入った金山荘の湯を見たような記憶がある」と語り、県の河川工事そのものではなく、そのやり方に問題があったとの認識を持ったという。だが、県は当初、「双方に因果関係はない」との主張を繰り返し、見解が真っ向から対立した。

このため、弁護士側が鑑定調査の実施を県に求め、「因果関係あり」という結果が出たところで、県があっさりと折れたという。民事調停なので、根拠とされた鑑定書そのものは提出されていない。佐藤弁護士も、いまとなっては「見たような気はする」といった程度の記憶しか残っていないという。

こうして民事調停が一九九五年八月八日に成立した。

①県が金山荘側に損害賠償金として四二〇〇万円を支払う。

②金山荘は一九九六年一二月末日かぎりで廃業する。

③廃業せずに営業した場合は、違約金として県に二一〇〇万円を支払う。

こうして一九八八年から延々と続いた赤倉温泉の護岸工事トラブルは、やっと落着した。

しかし、一連の紛争を不思議な思いで眺めていた人たちもいた。地元の温泉関係者たちである。調停の行方を見守っていた関係者は、県側のあまりの物わかりの良さに驚いた。一方、佐藤弁護士は「県は金額的には誠実に対応してくれた」と振り返る。

民事調停が成立した一九九五年は、県にとって大きな分岐点となった年でもあった。最上小国川ダムの建設実施計画調査事業が国庫補助事業として採択され、以降、詳細な調査・検討が始められたのである。県の「長年の悲願」がその実現に向け、大きく動き出した年だった。

そんな状況下の県にとって、金山荘の一件は明らかに好材料となった。「温泉に影響が出るので、河川改修はできない」という県の主張を実証するからだ。これほど説得力を持った事例はない。なんとしてもダムを造りたいと考えている人たちにとって、金山荘に支払う損害賠償金は無駄金などではなく、むしろ、事業を推進するための必要経費に思えたかもしれない。

その後、県が金山荘の一件をことあるごとに持ち出して、「ダムによらない治水は不可能だ」と喧伝し続けたのは言うまでもない。

ところが、住民訴訟が進む中で大きな矛盾が浮かび上がってきた。その内容については第3章でも触れたが、ここではより詳細に明らかにしたい。よもや県と金山荘がどこかの段階で意を通じ、護岸工事による湯温低下を捏造したということはないと思うが……。

浮かび上がる重大疑惑

住民訴訟で県側が提出した膨大な資料の中から県職員が記録した護岸工事の経過と金山荘の

源泉の湯温データを見つけ出したのは、原告団の川辺山形大学教授と清野事務局長である。地質学を専門とする川辺教授は、温泉のメカニズムにも精通する、その道の第一人者だ。

川辺教授らの分析によると、護岸工事中の河床掘削によって温泉が噴出した一九八八年一一月一七日の三日後に測定した金山荘の源泉の湯温は、四六度であった。その後、一二月二日に、護岸工事の約七メートル下流の河床から温泉が湧出しているのが見つかった。一二月五・六日に測定した金山荘の源泉の湯温は、いずれも四二度。また、県がまとめた金山荘の源泉の湯温データには一九七六年から年二回のペースで測定した数値も記載されていて、湯温の変動幅は四一～四九・五度であることが判明した。したがって、護岸工事の影響で金山荘の源泉の湯温が低下したと断定できるデータは存在しないことになる。

川辺教授と清野さんら原告側がこうした重大事実を指摘する準備書面を裁判所に提出すると、県側は対抗措置に出た。原告側の主張を否定する書証を新たに提出したのである。もっとも、それはA４用紙一枚のメモ書きのような代物だった。その書き出しは「七月二一日　山田屋湯温測定、及び、工事届の提出催促について、伺う」となっていた。その後に「湯温測定、三三度」と書かれ、以下のように続く。

「来週ごろ、工事着工について説明に来る旨、話す。足場の件で隣の土地を借地しなければならないので、その交渉もあり、着工に向けて詰める予定である。工事届については、あまり前なので、用紙は見えなくなってしまったとの話であり、新たに用紙を渡して記入捺印を依頼する」

県はこのメモ書きの記載を根拠に、金山荘の源泉の湯温が一九八九年七月二一日に三三度まで低下したと主張。「護岸工事（一九八八年一一月一七日）と時間的、場所的に接近しており、自然現象の変動幅を越えているので、護岸工事により地下水脈の流れに変化が生じたことは明らかである」と結論づけていた。

金山荘の源泉の湯温が一九八九年の春以降、低下したのは事実である。川辺教授と清野事務局長はデータを分析し、その真相に迫っていた。実は、護岸工事の翌年、県は金山荘の源泉のボーリング孔内の浚渫《しゅんせつ》や拡幅工事などを行っていた。金山荘のクレームを受けての工事で、実施したのは業務を受託した民間会社である。

その会社の工事報告書によると、一九八九年二月一〇日から三月一五日に源泉のボーリング孔内の浚渫工事を行い、八月四日から一二月六日までボーリング孔を広げるリーミング工事が実施された。ところが、工事開始直後の二月一六日に四一・五度あった源泉の湯温が、一一月一〇日に三三・一度と急激に低下してしまった。このため急遽、地下水の流入を防ぐグラウト工事が実施され、湯温は一一月二七日に三八・一度まで回復したと記録されている。

別の工事が湯温低下の原因？

こうした湯温データを丹念に解析した川辺教授と清野事務局長は、「金山荘の源泉の湯温が低下した原因は護岸工事ではなく、その翌年に実施された源泉のボーリングを拡幅する工事などが原因だ」と、断言する。なお、県が「回復不能」と言い切った金山荘の源泉は、二〇〇二年六月一四日の測定で四四・七度を記録するなど、いつの間にか以前の湯温に戻っていた。

金山荘の女性経営者は、すでにこの世にいない。片腕となって旅館を切り盛りしていた番頭の男性も、死去している。山形県と金山荘の間にどのようなやりとりが交わされたのか、その真相はすべて闇の中に沈んでしまった。ただし、これだけは指摘できる。

ダムによらない治水対策を頑強に拒んできた県にとって、ある時期から金山荘の訴えはむしろ願ってもないものになったと言える。ひょっとしたら、県にクレームをつけるよう金山荘側に知恵をつけた人物がいたかもしれない。一方、県の側にも金山荘の訴えを不可解に思いながら、その訴えを奇貨として利用することを思いついた策略家がいたりして……。そんな想像をたくましくさせてしまうほど、県の金山荘への対応は不可思議だった。もしかして、赤倉温泉の源泉のように河床の地下の深部でつながっていたなんてことはないだろうか。

山形県の赤倉温泉での動きには、他にも重大な疑惑が存在した。県は、河川改修が赤倉温泉に及ぼす影響を調査する「赤倉地区温泉影響調査」をコンサルタントに委託して行っていた。その回数は一九九六年度から二〇〇二年度の七年間で一一回に及び、県がコンサルタント業者に支払った委託費の総額は一億三〇〇〇万円にも上る。ところが、県はこうした調査報告書をきちんと分析・理解できず、二〇〇七年度に改めて「温泉影響調査評価業務」を外部コンサルタントに委託する。

調査報告書の分析・評価業務を受託したのは、東京都内にある公益財団法人（当初は厚生省の外郭団体）の中央温泉研究所で、高橋保・副所長が担当者となった。著名な温泉コンサルタントである。高橋副所長はこれまでの温泉影響調査報告書を基礎に再検討を行い、二〇〇八年三月に「（河川改修は）源泉に回復困難な影響を与える可能性がある」と結論づける報告書を県に提出した。

だが、この報告書は県の主張とは異なる重大な指摘もしていた。それは、赤倉温泉の虹の橋下流に設置された堰についてである。県はこれを「床止工」と言い張っていた。ところが、高橋氏は「赤倉橋と虹の橋の間に設置された堰は、温泉の湧出量を多くし、かつ安定化させる重要な役割を担っているはずであり、その意図を持って設置した可能性もある。この堰を撤去したり、河床を掘削したりしても、赤倉温泉全体が回復不能なほどの大きな影響を受けるわけではない」とし、さらに「この堰は、河道に土砂を堆積させ、河道の流下能力を低下させており、治水対策上は好ましくない施設のようである」と、客観的な事実を淡々と記していた。

この報告書の記述について、住民訴訟の原告側は「本訴訟が始まる前の平成二〇年（二〇〇八年）三月に提出されたものであることから、この記述について発注者・山形県の意向が働かず、（報告者は）客観的に見て温泉湧出を助ける目的の『堰』であると判断し、治水上好ましくない施設であると、原告主張と同じ意見を率直に述べているのである」と、分析している。県の職員に気の緩みがあって、コンサルタントの事実に基づく指摘をそのままスルーしてしまったのではないかという推測である。おそらく、そういうことではないか。

結論を真逆にすり替えた県の厚顔

山形県は高橋氏の報告書を受け取った直後の二〇〇八年度に、今度は学識経験者の指導を受けた温泉影響調査を実施した。県から調査指導を要請された学識経験者は三人。地すべりの専門家である山形大学理学部の山野井徹教授と、前述の川辺教授、高橋副所長だ。前年度に県から委託を受けて調査・分析を行った著名な温泉コンサルタントが、今度は「学識経験者」の肩書で同じ業務の指導を行うことになった。言うまでもないが、これらの人選はすべて県の担当者による。山形県から初めてこの種の依頼を受けたという川辺教授は「(県は私を)丸め込もうと考えたのでしょうか」と語る。

二〇〇八年度の調査の本来の目的は、「河床から湧き出る源泉に影響を与えずに〝河道改修〟により治水対策を実施することが可能かを検討するための基礎資料として、温泉の湧出機構(温泉湧出のメカニズム)を明らかにすること」だった。要するに、小国川漁協などが主張する河道改修案の可能性を探ることが狙いである。そう聞かされて指導役を引き受けた川辺教授は、厳密なデータをとることを最重視した。

河川改修による温泉影響調査は、赤倉温泉にある一八カ所(当時)の源泉のうち、阿部旅館の岩風呂と三之亟旅館の岩風呂のみで実施された。その他の源泉については源泉の湧出量や湯温の測定が行われただけで、河川改修との関係についての調査も検討・考察もなされていなかった。それは、河川改修が温泉湧出に影響するのはこの二旅館の岩風呂のみということを、県も認識していたからにほかならない。

二〇〇八年度の温泉影響調査は、二旅館の岩風呂の湧出量が河川の水位の変化に連動していることから、「河床を掘削することは源泉に対して著しい影響を与える可能性がある」という結果になった。これを受け、山形県は「河床掘削により温泉に影響を与える危険性が確認されている以上、赤倉地区で河床掘削を行うことが不可能であることは言うまでもない」と、結論づけた。つまり、特定の源泉に対する影響をあたかも赤倉温泉すべての源泉に影響するかのように、結論を大きく捻じ曲げたのである。

山形県はこうした結論をあたかも調査にあたった学識経験者が導き出したかのように記述したが、それは事実に反していた。川辺教授は「何らかの対策を行わないかぎり、河床を掘削することは源泉に対して著しい影響を与える可能性がある」と、「何らかの対策を行わないかぎり」という文言を最終報告書に入れることを県に強く求めていた。そして、「何らかの対策」についても具体的に助言したという。きちんと対策を講じさえすれば、河床掘削しても源泉への影響を防ぐことができるというのが、川辺教授の下した結論だった。

では、なぜ、報告書の結論が川辺教授の見解と真逆のものになったのか。

山形県は三者などによる分析会議を開いた後、中間報告書をとりまとめていた。中間報告書の原案は実際に調査・探査を担当した民間会社が作成し、川辺教授は県の担当者とメールでやり取りする程度で、二〇〇八年一〇月六日に赤倉温泉で現地調査が実施された際に初めて見せられたという。川辺教授は内容に納得いかない部分があったものの、最終報告書で修正・訂正できると思い、了承したそうだ。

また、県から現地調査後の記者会見を求められたが、川辺教授は当日の現地会議の場で「調査中であるため統一見解も出ない段階なので、個人的な意見を報告するべきではない」と主張し、三者の了解事項となったという。ところが、山野井教授が了解事項とは異なる行動に出たという。調査メンバーの座長として現場でメディアの取材に応じ、「浅い岩盤の割れ目から温泉が湧いていることがわかった」(『山形新聞』二〇〇八年一〇月七日)と、「県にとって都合の良いコメントをメディアに発信した」(川辺教授の指摘)のであった。

忖度しない学者を排除

こうした県や山野井教授の調査の進め方に川辺教授は驚き、不信感を募らせていった。県の担当者とのメールのやり取りはしだいに険悪なものとなり、川辺教授の意見・見解は県に無視されるようになったという。そして、ついに完全に排除されることになったのである。

山形県は二〇〇八年一二月四日に「赤倉地内温泉影響調査報告会」を最上町内で開催した。

地元住民に調査結果を報告し、漁協などが主張する河道改修案の実現可能性についての見解を示す重要な会合である。報告会には最上町や舟形町の住民など約二五〇人が詰めかけ、ダムに反対する漁協組合員らも多数が駆けつけた。報告を受ける住民の誰もが、調査のアドバイザー役を務めた学識経験者が報告会に出席すると思っていたが、会場に姿を現した学識経験者はわずかに一人。それも座長を務めた山野井教授ではなく、中央温泉研究所の高橋副所長だった。

その高橋氏が調査報告を行った。ポイントは二つで、「河床岩盤を掘削すると、温泉水の湧出機構を崩す」「河床砂礫を掘削すると、河川水位が低下し、水位バランスの崩壊を招いて、源泉に著しい影響を与える」という内容である。

その報告後、山形県は河川改修による治水は困難で、「赤倉地区の治水対策は河川改修でなく、穴あきダムで行う」という考えを示した。質疑応答になると、会場から質問が飛び出した。

「なぜ、川辺教授がこの場にいないのか」

これに対して「川辺先生は多忙のため欠席です」と回答されたが、それは真っ赤なウソだった。川辺教授は県から報告会への出席要請を受けておらず、開催の通知すら受けていなかったのである。「何らかの対策を行えば、河川改修は可能である」という見解を持つ川辺教授は、県にとって邪魔な存在でしかなかったのであろう。

報告会の開催を人づてで知った川辺教授は、当日、会場に乗り込んで意見表明することも考えたという。しかし、そこまでやるのもどうかと思い直し、踏みとどまったと当時の心境を明かした。

川辺教授は最終報告書の作成段階で、県の担当者に対し、検討会議の開催を何度も要求したという。ところが、県は他の学識経験者の日程が取れないとの理由で、会議の開催は不可能と突っぱね続けたのである。こうした水面下での激しい攻防の末、川辺教授は地道に行った調査を蔑ろにする「結論ありきの調査報告書」を地質学者として認めるわけにはいかないと、県との関係を断った。都合の良い学者との付き合いに慣れ親しんでいた県にとって、行政の言いなりにならない学者の存在は大きな誤算だったにちがいない。

こうした県の強引な工作活動により、「赤倉地区で河床掘削を行うことは不可能」とする最終報告書が世に出た。ただし、原案では「河川水位を低下させた場合に源泉に与える影響の検討については、下記の学識経験者から指導を受けて実施し、了承を受けた」と、学識経験者による権威づけを行うことになっていたが、実際の報告書では「了承を受けた」が削除され、「指導を受けて実施した」という妙な表現に変わっていた。言うまでもなく、川辺教授が内容を了承しなかったからだ。

二〇〇八年の温泉調査報告書とそれに基づいて県が下した結論には、二点のごまかしがあった。ひとつは、阿部旅館と三之亟旅館という特定の源泉に対する河川改修の影響を、あたかも赤倉温泉のすべての源泉に影響するかのように、結論を大きく捻じ曲げた点である。金山荘事件がそうした誤解を広げるのに役立ったことは言うまでもない。もうひとつが、二旅館の源泉についても何らかの対策を講じれば河川改修の影響を防ぐことができるという見解を完全に隠蔽してしまった点である。

税金を投じて現地調査を行いながら、結論は自分たちの都合の良いものに捻じ曲げるというのは、行政がよくやる手ではあるが、御用学者が跋扈する昨今、その舞台裏がここまで明らかにされるのはきわめて珍しい。

川辺教授はその後、ダムによらない治水対策を明確に主張し、最上小国川ダムに反対する住民運動の先頭に立っている。「守る会」の共同代表となり、住民訴訟の原告の一人でもある。

一方、高橋副所長は、その後、益子と改姓し、中央温泉研究所の所長となった。二〇一六年八月二三日の住民訴訟に山形県側証人として法廷に立って証言した温泉コンサルタント（八六ページ参照）と同一人物である。この日の法廷では当初、川辺教授が原告側証人として立つ予定だったが、病に倒れて入院を余儀なくされたため、残念なことに両者の直接対決とはならなかった。それでというわけではないが、東京都北区にある中央温泉研究所を訪ね、益子所長に当時の話を直接聞いてみた。

温泉コンサルタントを直撃

益子所長が赤倉温泉の分析調査を初めて依頼されたのは、二〇〇七年だった。当時は赤倉温泉がダム問題で大揺れになっていることなどまったく知らなかったが、金山荘事件のことは耳にしていたという。県が不手際を起こして源泉を壊し、多額の賠償金を支払った話は、温泉業界では広く知れ渡っていたようだ。

――調査報告書をまとめる際に、県から何か言われたりしましたか？

「それはないです。私自身は調査報告書の内容をめぐって揉めたという印象は持っていません。川辺先生のご指摘も報告書にきちんと入っていますし。川辺先生は湯の機構（温泉が出るメカニズム）にこだわっていました。河床を深くすると二軒の温泉旅館に大きな影響が出ることは間違いありませんので、それを申し上げただけです」

――川辺先生は、その二軒についても対処法があると主張しています。

「具体的な対案を（私が）聞いたのは裁判になってからです。でも、私に言わせれば、小手先の対処案で、あれでは無理だと思いました。もしも源泉に影響が出て枯渇してしまった場合、どうするかという対案も出してもらわないといけません。（温泉地の）川をいじるのは注意が必要ですが、決してレアなケースではありません。ただ、二つの旅館の源泉以外は（河川改修への）対処の仕方はあると思います」

――県が言っている虹の橋の「床止め工」は「堰」なんですね。

「あれが堰でも床固めでも言葉の問題であって、どちらでも関係ないと思います。河川の水を上げるためのもので、温泉地ではよくあります。古来からの慣行で、河川法が整備される以前からのものです」

――最上町での報告会で説明役を務めたのは、なぜですか？

「僕はやりたくなかったんです。説明役はてっきり座長の山野井先生がやるものだと思っていました。県にもその旨を伝えたんですが、県からどうしてもと頼まれまして……。住民訴訟も（県側の参考人）そうです。私は立ち位置がお二人とは違います。民間の調査会社ですので、県から頼まれたら嫌ですとは言えないし、言いません。（説明会では）私はこうしたらよいとかは言っていませんで、河川改修すると影響が出ますと事実を申し上げただけです」

――妙な役回りですね。火中の栗を拾う役ですか？

「（最上小国川の治水問題は）変な方向に行ってしまいました。裁判になったり、お亡くなりになった方が出たり……。いまになって思うことは、もう少しやり様があったのではないかということです。いろんな関係者を集めてもっと知恵を出し合ったらよかったのではないかと思います。

ところが、話が拡大して、アユのことがでたり、地元外の人がダム反対運動を始めたりして、地元での合意形成が難しくなってしまっていました。冷静に、ああしましょう、こうしましょうという話し合いができる感じではなくなっていましたね。お互いに相手の話を聞いていませんでした。県が何かを言うと、（ダム反対派が）すぐにそれに噛みつくといった感じで、不幸な状態でした。赤倉温泉については、私は再開発が必要ではないかと思います。それで温泉の集中管理などの提言もいたしました」

第5章
総代会

雪の最上町。臨時組合員総会の開催を求めて、「組合員の会」と「守る会」のメンバーは、雪の中で戸別訪問した

漁協の方針転換

「いきなり三分の二を求めずに、二段構えで進めていきました。実に狡猾なやり方です」

こう指摘するのは、水源開発問題全国連絡会の嶋津輝之・共同代表だ。全国のダム開発を検証し、異を唱えるダム問題の専門家である。嶋津さんは、こう言葉を続けた。

「いつの間にかアユの養殖施設の更新とダムがセットのように語られるようになってしまいました。本来、別問題です。ところが、新聞記事もセットのように書いたので、組合員もそう思い込んでしまったようです。情報操作されてしまいました」

小国川漁協の理事会がダム容認の執行部案を賛成多数で決め、その案を総代会（総代一一五人）に提案することになった。総代会の期日は二〇一四年六月八日。開会の瞬間が刻々と迫っていた。

会場となったのは、最上町の旧瀬見小学校だ。非公開となった総代会には委任状を含め一一〇人が参加し、山形県農林水産部の幹部も姿を現した。

出席者の話によると、冒頭、高橋組合長がダム容認・反対の双方の立場から要望書が寄せられていることを報告し、総代から質問や意見を受け付けた。すると、ある総代が会場内にいた県の阿部・技術戦略監に向けて「（沼澤前組合長の件について）どう考えているのか」と問いかけたという。これに対し、漁業権更新の件で沼澤前組合長との交渉にあたった阿部・技術戦略監は、「マスコミがああいう記事を書いたからだ」と、まるでメディアがダムと漁業権の更新を勝手に絡めて報道したからだと言わんばかりだったそうだ。

総代会ではその後も質疑応答や意見表明が続き、最後に執行部提案の議案への採決となった。理事会が総代会に提案したのは、ダム計画を容認するか否かの普通決議である。途中退席した七人を除く一〇三人が無記名投票し、賛成五七票、反対四六票で、ダム容認案が可決された。賛成が過半数をわずか五票上回るだけの僅差ではあるが、この結果で漁協の大きな方針転換が正式に決まった。

漁協は以後、山形県とダム工事に伴う漁業権補償に関する協議を行い、県が提示する補償案を再び総代会に提案する方向となった。漁協の定款では「漁業権に関する事項は『特別決議』として、総代の二分の一以上が出席し、総代の三分の二以上の多数による議決を必要とする」と規定されており、補償案可決には三分の二以上の賛成を得ねばならない。ダムを建設するには、より高いハードルを越える必要があった。逆に、こうも考えられる。

漁協理事会の多数を占めたダム推進派は、懸命に多数派工作を展開したとしても、すぐに総代の三分の二以上を押さえるのは難しいと判断したのではないか。なにしろ、理事会での賛否も六対四の僅差だった。それで、まずはダム容認案を普通決議事項という形にして過半数を獲得し、ダム容認の流れ・空気をつくる。そして、切り崩し工作にかける時間を確保したうえで、三分の二以上を押さえようという戦略である。誰かが入れ知恵したのかもしれない。

後手に回った反対派

一方、総代会の結果を受けて「守る会」は声明を発表した。一部抜粋して紹介する。

「この議決によってダム着工できる等の法的根拠はありません。ダムを認める権限など、漁協にはありませんし、ダムの是非を(漁業権の得喪変更の手続きについて定めた)水産業協同組合法に基づいて決めることはできません。又、ダムをつくることによって、漁業権を喪失するなど損害を受ける組合員の同意がなければ、水面上の工事の着工はできません。漁業権や財産権をもつ権利者全員の同意かつ補償が満たせなければ、ダムの着工は法的に不可能であります。

仮に漁協が水産業協同組合法に基づいてダムに同意できるという説に基づいた場合でも、三分の二以上の賛成が必要とされる特別決議が必要です。今般は普通決議で、かつ賛同者が三分の二に達しておらず、ダムを着工できることにはなりません。

今後、補償交渉入りを県が提案してくると予想されますが、その際、権利者全員からの委任状を取得した上で補償契約を締結しなければ、ダムの着工はできません。よって、ダム本体着工までは数多くの手続きが必要であります。

われわれは、今後も故沼澤組合長の遺志を継ぐ組合員の皆様とともに、ダムによらない〝真の治水〟を求め続けて参ります」

この声明のポイントは、「権利者全員からの委任状を取得した上で補償契約を締結しなければ、ダムの着工はできません」と明記している点だ。つまり、「守る会」は、ダム建設には漁協ではなく、組合員全員の同意が必要であるとの認識を示したのである。ダムによって損害を受けるのは、漁協ではなくて個々の組合員なので、補償も組合員になされるというわけだ。

しかし、小国川漁協の組合員のほとんどは漁で生計を立てる「漁民」ではなく、「釣り人」。権利意識は強固とは言い難かった。一方、県は「川の漁業権は組合員ではなく漁協にある」とし、組合員全員の同意は不要と主張した。根拠として示したのが、一九八九年七月の最高裁判決だ。それは「現在の共同漁業権は、漁民の総有ではなく法人としての漁協に帰属する。補償金配分も漁民全員一致でなく、漁協の総会決議で決めるべき」との初判断を示したものだった。

頼みの綱のリーダーを失った漁協内のダム反対派は明確な戦略なきまま、すっかり後手に回っていた。そして、この総代会のころから、ダム反対の戦線を離脱する組合員が現れる。

「釣りをしたいという気持ちがなくなってしまいました。もう(ダムの問題に)関わりたくないんです。漁協を辞めて、川に入ることも止めました」

こう語るのは、舟形町に住むＢさん。そろそろ八〇代になる地域の長老である。匿名を条件に、取材に応じてくれた。

釣りを止めたダム反対派の急先鋒

最上小国川にかかる橋のたもとで生まれ育ったBさんは、三歳のころから川に入って遊んでいた。川に親しみ、川とともに成長したと言っても、過言ではない。

大学進学で故郷を離れ、しばらくしてUターンすると、当然のように漁協の組合員となった。そして、子どものころに熱中したアユ釣りを再開したが、しだいに川や魚の変化を実感するようになったという。上流部に砂防ダムが造られたことから、下流部の砂地が少なくなり、昔と比べて魚の数も種類も減少したのである。

そこに県の最上小国川ダム計画が持ち上がり、実現に向けて進みだした。赤倉温泉の治水対策という県の説明に納得できなかったBさんは、沼澤組合長らとともに反対の論を張った。ダムによらない治水対策が可能であると考えていたからだ。

Bさんは漁協役員として県の担当者と話し合う機会があるごとに、質問を重ねたが、彼らはその場では即答せず、きまって質問事項を持ち帰ったという。後日、回答を示すのだが、その内容に納得できたためしはなく、再度、質問し、また回答を待つという繰り返しであったという。結局、県からダム建設に関して納得できる理由は示されなかったのである。それでも県がダム建設にこだわり続けるのは、合理的な説明ができない何らかの理由があるからだと、Bさんは指摘した。

Bさんは、沼澤組合長時代にダム反対を特別決議したとき、口には出さないもののダム建設に賛成する人たちがいることもわかっていたという。そして、彼らが賛成する理由には何かが絡んでいると睨んでいたと語る。たとえば、ダムを造ることで仕事にありつけるなどの利益を得る組合員たちである。Bさんは、「その気持ちもわからないでもないが、次元が低い」と嘆くのだった。そして、こんな感想を漏らした。

「県の担当者といくら話し合っても、基本的な考え方が違うので、わかり合えない。担当の職員が代わるので、無責任体質となっている」

どうやら、道理が通じない行政との話し合いにほとほと嫌気が差し、疲れ果てたようだ。

最後にBさんは、表情を強張らせながら言い切った。

「(ダム賛成派に)負けるとわかっていても、(私は)『ダムに賛成』とは絶対に言えない。小国川のことを考えている人は、皆、ダムに反対です」

そして、柔らかな笑みを浮かべて腰をあげ、有無を言わせず自宅の物置へと案内するのだった。そこには、使われなくなった大量の竿や網、長靴といった釣り道具が大切に保管されていた。

利と理の二者択一

利と理の二者択一を迫られたら、利を選択するというのは、ごく一般的な行動だと言える。

また、今日・明日の利と遠い将来の利のいずれかを選ぶかと迫られたら、前者を選ぶというのも理解はできる。さらに、自らの利と誰か別の他者の利、目に見える利と目に見えない利のいずれかを選べと迫られたら、迷いながらも前者を選んでしまうのが人間の習性なのかもしれない。

総代会でダム容認決議が可決され、ダム建設をめぐる攻防は新たなステージに突入する。漁協理事会は県との正式な協議に臨むと同時に、次なる臨時総代会で三分の二以上の賛成を獲得すべく、ダム反対派への切り崩し工作に乗り出した。

一方、守勢に回ったダム反対派も必死に防戦に出る。漁協の支部は最上町に四つ、舟形町に五つあった。総代は各支部の組合員数に応じて割り当てられている。最上町内のほうが若干多く六二人、舟形町は五三人。両町合わせて一一五人だ。反対派からすれば、六月の総代会で投じられた四六票の反対票を死守すれば、ダム建設に必要な三分の二以上の賛成を阻止できる計算となる。次なる臨時総代会がダム建設の白黒をつける本当の天王山となった。

しかし、賛成・反対双方の勢いの違いは明らかだった。県と事実上の共同戦線を組んで切り崩しに出る漁協理事会側に対し、ダム反対派は本業をかかえる有志が手弁当で動くしか策はない。両陣営の攻防戦は、いわば逆ハンディキャップマッチとなった。しかも、六月の総代会の投票は無記名投票だったから、誰が賛成派で、誰が反対派なのかさえ、明確ではない。総代一人ひとりを戸別訪問し、膝を交えて話し合って票を固めるしか手はなかった。

非組合員が舟形町の総代を戸別訪問

　圧倒的に不利な条件下でダム反対派の多数派工作を担ったのは、ごく一部の漁協組合員と、「守る会」の高桑順一・共同代表、沓澤正昭・事務局長だった。最上町の総代への呼びかけは地元の組合員が担当したが、舟形町の総代への呼びかけは組合員ではないこの二人がやらざるを得なかった。舟形町には、反対運動の中核となる組合員が存在しなかったからだ。総代への呼びかけをやろうという有志も現れず、「守る会」のメンバーが担うしかなかったのである。しかし、高桑さんは尾花沢市在住で、沓澤さんは新庄市在住。いずれも舟形町内に地縁血縁を持たない、よそ者だった。

　二人は当初、最上町の組合員と一緒に舟形町の総代への呼び掛け活動をしたいと考えた。よそ者がいきなり訪ねても、話を聞いてもらえないと考えたからだ。しかし、二人はすぐに、それが現実を知らない部外者の甘い考えであることを痛感させられた。同じ漁協の組合員であっても、最上町の人間は舟形町の人間と面識がないので無理だと、尻込みされてしまったのだ。思いもしなかった反応に二人は驚き、漁協や地域の閉鎖性を改めて実感させられたという。

　結局、ダム反対派による総代への呼びかけ活動は、最上町内を赤倉支部の渡部陽一郎・支部長と瀬見支部の八鍬啓一・支部長、「守る会」の会員でもある大場清さんが行い、舟形町内を高桑さんと沓澤さんが担当することになった。

高桑さんと沓澤さんは七月二七日(日曜日)の午前九時から、舟形町に住む全総代への戸別訪問を開始し、三つの資料を持参した。まず、「小国川漁協総代の皆様へ再度訴えます」という呼びかけ文。次に、この問題を深く取材して核心を突くレポートを発表しているジャーナリストの浦壮一郎さんが月刊誌『つり人』八月号に掲載した記事(タイトルは「小国川ダムはまだ止められる。依然として強い反対と地元への期待」)。そして、「守る会」発行のイラスト入りチラシ「ダムなし治水で赤倉温泉再生を!」である。

戸別訪問する前に舟形町の五支部長宛てに三つの資料を郵送し、「後日、各総代の自宅を訪問するので協力をお願いしたい」と連絡をしていた。これが裏目に出たと見るべきか、それとも地域のありのままの姿に触れる良い機会になったと考えるべきか。いずれにせよ、二人の必死のどぶ板作戦はなんとも苦い結果となった。

大半が不在

舟形町で最大の支部は、二二人の総代をかかえる舟形支部だ。亡くなった沼澤前組合長の地元でもあり、ダム反対で結束していると考えられていた。ところが、高桑さんらが面会できたのは、わずか九人。支部長はじめ一三人が不在で、直接、話すことは叶わなかった。二人はやむなく、持参した資料を家族に手渡したりポストに投函するなりして、次の訪問先に移動するしかなかった。

面会できた九人の総代のうち、八人はダム反対を明言。高橋組合長の行動を非難する人もいた。ただし、一人からは「ダムに賛成しているので、もう来ないでもらいたい」と、はっきり通告されたという。

高橋組合長の地元である富長支部の総代は七人。このうち直接会えたのは、たった一人だった。しかも、資料を渡して呼びかけはしたものの、はっきりした意思表示はなかったという。誤算だったのが、頼みとしていた支部長の不在だった。「守る会」が五月に開いたシンポジウムに参加していたので、反対派の理解者だと考えていたからだ。じっくり話し合いをしたいと思っていたが、自宅におらず、空振りに終わった。

総代四名の堀内支部では、支部長をはじめ三人に面会できた。いずれもダムに反対との意思を表明し、心強く感じたという。

長沢第一支部は総代八人。支部長は県との協議会で鋭い質問を発していた伊藤太一さんだ（四九ページ参照）。高桑さんと沓澤さんは伊藤さん宅を訪ね、各総代に資料を手渡ししてもらうように依頼した。伊藤さんは自分が釣ったアユを焼きながら、二人にいろんな話をしてくれたという。そして、ダムに反対する理由を「ダムでは赤倉温泉の洪水被害を防ぐことができないからだ」と明言した。

長沢第二支部は一二人の総代を擁するが、なんと支部長以下全員そろって不在であった。全員で示し合わせて家を空けたとしか考えられない。途方に暮れた高桑さんと沓澤さんは理事経験者を訪ね、協力をお願いした。彼が知っているという五人の総代に資料を直接、渡してもらうように依頼したのだ。

二人のよそ者による舟形町在住の総代への呼びかけ活動は、その日の午後五時過ぎをもって幕となった。五三人いる総代のなかで、本人に直接会えたのは一四人だった。

危機感を募らせる反対派

一四人のうちダム反対の意思を口にしたのは、一二人だった。もっとも、そのなかにも、「もうダムができてしまうのではないか」「何を言っても、もはや無駄ではないか」と、なかば諦めモードとなっている人がいたという。高桑さんと沓澤さんは、ダム建設に向けた既成事実の積み上げとそれを無批判に報道するメディアの影響ではないかと、危機感を募らせていく。

臨時総代会の開催が近づくにつれ、「守る会」のメンバーは「念押し活動」を行った。ダム反対と目されている総代宅に電話を入れ、反対票を投じるよう最後のお願いをしたのである。ところが、相手方から思ってもしなかった言葉を投げかけられ、茫然とさせられることが続いた。「俺はダム反対派ではない。もう電話をよこさないでくれ」と、何人もの総代に言われてしまったという。

そして、九月一九日。漁協の全総代に臨時総代会の開催通知書が郵送された。開催日時は九月二八日(日)の午前九時三〇分から、場所は舟形町の生涯学習センター。開催通知書には総代会の次第が示され、以下のように進められることになっていた。

総代会は一部と二部に分かれている。前半の一部は組合長の挨拶に続いて、県が説明することになっていた。テーマは「最上小国川流水型ダム建設計画の改善案について」と「最上小国川流域の内水面漁業振興への支援策について」、そして「上記内容を含む協定及び覚書(案)について」の三つだ。

後半の二部で、議案についての審議と議決が行われる。開催通知書には執行部が当日、提出する議案が示されていた。第一号議案が「最上小国川流水型ダム建設承認の件」。第二号議案が「ダム建設に伴う行使規則並びに遊漁規制の一部改正承認の件」。まさに、ダム建設の雌雄を決する本当の天王山であった。

アンフェアな書面議決の取り扱い

小国川漁協にとってこれほど重大な臨時総代会は、組合結成後、初めてになる。開催通知書には、こんな注意書きが盛り込まれていた。

「万一都合により御出席できない場合は、皆さんの意志を把握するために書面議決をお願いすることになりました。御出席できない場合は、別紙の書面議決書に御記入していただき、同封しております封書にて、平成二六年九月二七日(土)までに、本組合事務所必着で御返送くださいますようお願い申し上げます」

当日、出席できない総代は書面で議案に賛成か反対かの意思表示をするように求めたのだ。代理人による投票や委任状は認めず、いわゆる不在者投票の実施である。ただし、添付されていた書面議決書を見ると、疑問に思う点がいくつかあった。

まず、書面での議決は「第一号、第二号議案一括して賛成、反対のいずれかを丸でかこんでください」となっている点だ。中身の違う二つの案を一括し、しかもイエスかノーかの二者択一を迫るもので、あまりにも乱暴な話ではないか。

次に、投票者の住所と氏名と印の記載を求めている。つまり、記名投票である。六月の総代会は無記名投票だったし、理事会での組合長選挙も無記名投票だった。今回は特別決議案なので、より厳格な投票方式である記名投票にしたと考えられるが、そこに別の意図も見え隠れする。記名投票となれば、誰が賛成し、誰が反対したかが、満天下に知らされる。このため、強い意志を持つ人でないと理事会提案に反対票は投じにくくなる。ノーを貫くことにプレッシャーを感じるのは間違いない。少なくとも無記名投票で心を揺らし、迷いながら反対票を投じた総代が、記名投票で同じ投票行動に出ることはまず不可能であろう。もちろん、その逆もあるだろうが……。

さらに、「議案につき賛否の表示のない場合は、賛成の意思表示があったものとしてお取扱いいたします」としている点だ。白票や棄権もすべて賛成とみなすというのは、身勝手で粗雑なやり方としか言いようがない。何としても議案を可決成立させたい漁協理事会、ないしは県側の意図が丸見え。やれることは何でもやるという強引さの表れであり、議決の公正さを大きく歪めるものだ。こうした反対票を減らすための巧妙な仕掛けは、手練れの知恵者のアドバイスによるとしか考えられない。

実は、臨時総代会の直前にこうした疑問点を漁協に直接、尋ねた人物がいた。最上町に住む総代のひとり、Cさんである。

Cさんは九月二二日の午前一〇時半ごろ、漁協事務所に臨時総代会開催通知書の書面議決についての質問書をファックスで送信していた。

「委任状が同封されていないのはなぜなのか。送付しない場合や白紙で送付した場合の取り扱いはどのようになるのか。住所・氏名を記載しない場合はどのよう扱われるのか」

いずれも、ポイントをついた的確な質問だった。

そして、質問書の最後に自らの所感として、以下のように心情を吐露していた。

「総代会での上程議案に対して、賛成や反対の意思表示をする際に個人名と住所を記載する方法には違和感と不安を感じます。組合員同士のさまざまな立場において不信感と疑念などが生じてしまい、組合員に摩擦や仲間割れの恐れがある。何よりも、内部分裂に発展しないかが心配です」

この質問状に、漁協幹部がどうやら激怒したようだ。その意を受けてのことなのか、Cさんの所属する支部長がその日の夕方に電話をかけてきた。支部長はいきなり「このやろう、俺に断りなく、組合さ、質問するなんて、どういうことだ！　いま、どこにいるんだ」と興奮気味に語り、Cさんが「自宅にいる」と答えると、「すぐ行くから待ってろ」と言って電話を切ったという。

Cさんの自宅に姿を現した支部長は再び怒鳴り声をあげ、激しく詰め寄った。

「お前、なんで俺に断りもなく、組合さ、質問状出したんだ！」

その権幕に驚きながらも、Cさんは「まあまあ、そんなに興奮しないでくれ。俺は組合の動きがよくわからないので質問しただけなんだ」と冷静に対応し、送信した質問状の内容について説明を始めた。すると、支部長は質問状の内容をまったく知らないままやってきたようで、何も言えなくなったのである。最初の勢いはすっかり消え、まるで青菜に塩のようになってしまった。もともとそう弁の立つ人でもなく、沈黙したますますごと帰っていったという。

誰かに「こんな質問状を出す奴がいるなんて、お前んとこの支部は統制がとれていないのではないか」と叱責され、事情を把握しないまま怒鳴り込んできたというのが真相のようだ。

勤務先トップから直接の電話

その日の夜、Cさんの携帯電話が鳴った。誰かと思って出たCさんは仰天した。勤務先のトップが直接、電話をかけてきたのである。雲の上の存在であるトップから電話がかかってくるなど、これまでに一度もなかった。何事かと緊張するCさんに、トップは「ダム推進に協力してくれ！」と厳しい口調で語ると、すぐに電話を切ったという。

Cさんはその後、漁協からの回答を待ち続けたが、なしのつぶてに終わった。質問状は完全に無視されたのである。

九月二八日の臨時総代会は、またしても非公開で行われた。当日、会場に姿を見せた総代は六〇人。出席率は五割強にとどまった。総代会は、事前に郵送された通知書の記載どおりに淡々と進んだ。まず、山形県側が穴あきダムと漁業振興策について説明した。組合員が不安視する濁り水への対策にも触れ、漁協と締結する予定の協定と覚書についても説明した。

漁協理事会は県との協議の中で、漁業補償を受けずに、流域の環境監視業務を年間五〇〇万円（一〇年間）で受託することを受け入れていた。また、環境への影響が発生したと考えられる場合、漁協が県に対策や補償を求めることができるとしていた。漁業補償額は億の単位にのぼるのが通例である。だが、執行部は穴あきダムなので漁業に影響ないとして補償を求めず、河川監視業務代として五〇〇〇万円を受け取るだけで県と手を打つ方針だった。

県の説明を受けたあと、漁協執行部が特別決議案を総代会に諮った。ダム建設を承認し、県と協定や覚書を結ぶ決議案と、禁漁区域を設定する決議案である。

総代会は議案審議に移り、出席者からの「振興策はダムと引き換えなのか」という質問に対し、高橋組合長は「ダムを受け入れないとアユ育成などの運営が成り立たない」と、回答した。長沢第一支部の伊藤支部長は、こう執行部に要求した。

「採決の結果が出たら、投票用紙をすべて焼却処分にしていただきたい」

誰がダムに賛成し、誰が反対したかが記録として残らないよう配慮を求めたのだ。

しかし、「保存義務があるので、（記名の投票用紙は）焼却できない」という回答が返ってきた。

その後、いよいよ記名投票による採決。特別決議案の可決には投票数の三分の二以上が必要だ。総代は一一五人だから、七七票以上の賛成で可決成立する。

議長を除いた全員が記名投票した結果、議案に賛成は三九人、反対は二〇人だった。ここに欠席者の書面議決書が加えられる。こちらは賛成が圧倒的に多く四一人、反対は九人だった。双方を合算すると、賛成が八〇人、反対は二九人。漁業権の変更を伴う特別決議案は承認された。執行部が繰り出した書面議決書がものの見事に効いたのである。

さて、Cさんの話に戻る。臨時総代会当日の朝八時過ぎ、携帯電話が鳴った。相手はまた勤務先のトップで、そのものズバリの要件だ。やや早口のトップは「（ダム）承認を頼む」とだけ言って、電話を切った。Cさんの心は大きく揺れ動く。Cさんはかねてから「ダムによらない治水が最善だ」と考えており、ダム建設には大反対。ところが、臨時総代会では「賛成」に票を投じたという。Cさんはこんな胸の内を明かしてくれた。

「（トップが）わざわざ言ってきたので、やむを得ず『賛成』に入れました。飯のタネを失うことになりかねませんから……」

Cさんのような投票行動を強いられた総代が他にもいたと考えるのが、妥当ではないか。自らの意思を貫けない事情をかかえている人たちが少なくないからだ。

漁協がダムを正式容認

小国川漁協はこの議決により、ダム建設を正式に容認することになった。臨時総代会終了後に高橋組合長は記者会見し、「県が示したダムの穴詰まりと濁りの防止対策が組合員に評価された。（多くの総代に）このままでは漁協が危ないとの認識もあったと思う」「反対した人たちとさらに話し合い、楽しく遊べる川づくりを目指す。最上町、舟形町、漁協の発展につながるよう一生懸命、頑張りたい」と声を詰まらせながら語ったという（『山形新聞』二〇一四年九月二九日）。

吉村知事は、こんな談話を発表した。

「小国川漁協は関係者との話し合いを踏まえ、地域の未来を見据えて総合的に判断されたと思う。赤倉地区をはじめ、最上小国川流域の住民の安全確保、清流振興に向けて新たな一歩が踏み出される。県としては、治水対策と内水面漁業振興の両立を目指し、流域関係者が一体となり、最上小国川清流未来振興機構（仮称）の設立に向けて全力で取り組む」

一方、臨時総代会の結末に納得いかない漁協組合員も少なくなかった。総代会前に一部の組合員が「ダムによらない治水と漁業振興を求める小国川漁協組合員の会」（以下、「組合員の会」）を結成し、臨時総代会終了直後に会として声明を発表して訴えた。

「決議事項一、二ともに、漁民の持つ漁業権等を補償なしに侵害することを決める違法な決議であり、無効であります」

「組合員の会」の共同代表は、最上町の渡部陽一郎さん（赤倉支部長）と三井和夫さん（瀬見支部）、それに勤務先を早期退職して舟形町に移住してきた下山久伍さん（長沢支部）の三人（第6章参照）である。

臨時総代会が終了して一〇日後の一〇月八日、山形県庁である締結式が行われた。県と漁協、最上町と舟形町が、流水型ダムを建設し、内水面漁業の振興を図る協定を結んだのだ。ダム建設に伴う環境保全についての覚書も交わされた。こうして、県は最上小国川ダムの工事着工を二〇一四年度中に目指すことになった

協定と覚書の締結後、吉村知事は「流域の安心安全の確保と、内水面漁業の振興に向けて今日、基盤ができた」と語り、ダム建設に反対する組合員もいることについては「漁協の正式な決議ということで、ご賛同を得られたと思っている」と述べた。高橋組合長も「どんな場面でも全員の賛成はない。ただ、総代会では三分の二をとったので、私としてはそちらを優先する」と話したという（『朝日新聞（山形版）』二〇一四年一〇月九日）

沼澤前組合長らダム反対派は、清流小国川を守ることが流域の資源を守ることになり、漁協の発展につながると判断していた。ダムによらない治水こそが最善の策であり、ダムを拒否することが漁業と地域を守ることだという考えだ。沼澤前組合長が存命中、漁協内でこうした考

え方に公の場で堂々と異論を唱える人はほとんどいなかった。

ところが、沼澤組合長の死後、漁協内の論調はあっという間に変わった。漁協と地域を守り発展させるにはダムを容認するしかないという、それまでとは正反対の考え方が急速に広がったのである。アユの中間育成施設の老朽化と漁協の経営基盤の弱体化がクローズアップされるにつれ、そうした考え方は広く浸透していった。

当時、小国川漁協は組合員の高齢化と減少に直面していた。二〇〇九年度に一一三九人を数えた組合員は、一三年度には九八〇人にまで落ち込んだ。経営を支える釣り人からの遊漁料も減少し、二〇〇六年度の二〇七五万円に対し、一三年度は九八〇万円と半減。このため、二〇一三年度には約一三〇万円の赤字を計上し、「背に腹は代えられぬ」という雰囲気が広がっていた。

だが、渡部さんや下山さんら「組合員の会」のメンバーはダム建設に納得できず、臨時総代会の決定を覆そうと、臨時組合員総会の開催を求める署名集めを開始する。漁協の定款では、全組合員の五分の一以上の請求署名が提出された場合、執行部は臨時総会を開催しなければならない。署名提出の期限は総代会開催後三カ月以内なので、二〇一四年一二月二八日までに約二〇〇人分の署名を集める必要がある。「組合員の会」と「守る会」のメンバーは、組合員の家を一軒一軒回って歩いた。

賛否を書き換えさせたという疑惑

署名集めをしていた彼らのもとに、総代会の公正性を疑わせる重大情報が寄せられた。それは、書面議決書に関するもので、「漁協執行部が臨時総代会の前日に開封し、反対に○をつけていた総代に書き換えを要求した」という衝撃的な情報だった。

この話を聞いた高桑さんらは、「ありえない話ではない」と直感したという。臨時総代会の直前に念押し活動として総代宅を訪問した際、ある総代からこんな話を聞かされていたからだ。彼は、「訪ねてきたダム推進派の組合員に、印鑑だけ押した書面議決書を持っていかれた」と打ち明けたのである。

書き換え疑惑の情報がもたらされたのは、臨時総会の開催を求める署名集めの期限切れ直前だった。署名集めに奔走するダム反対派に、もはやタレコミ情報の確認や事実を解明する余力はなかった。そして、努力はまたしても報われることはなかったのである。署名は必要数に一五人分足らず、臨時組合員総会の開催はかなわなかった。

それでも、彼らは書き換え要求の事実が本当にあったかどうかを確認するために、漁協の青木理事と面談して説明を求めた。

「高橋組合長には『郵送された書面議決書は、総代会の日に総代たちの前で開封しなければダメだ』と伝えました。書面議決書の入った封筒を前日に開封してはいないし、反対の総代に書き直しをさせてはいません。ただし、書面議決を郵送した人が当日、出席すると議決が二重になるので、封筒の裏の差出人を見てチェックはしました。郵送してきた差出人全員が封筒の裏に記名していました」

真相はまたしても藪の中である。情報の信憑性を確認しようと他の関係者に話を聞いて回っても、口を固く閉ざされてしまった。後難を恐れているようにも感じられたという。

こうして、小国川漁協にとって波乱の一年が過ぎ、二〇一五年を迎えた。臨時総会の開催にあと一歩というところで挫折した「組合員の会」は、今度は総代を対象にアンケートを行うことを決め、一月二九日に全総代一一四人に用紙を送付。地域内に「今後に及んでまだダム反対か」といった冷やかな空気が漂う中で、一八人が回答を寄せた。その内容が実に興味深いので、紹介したい。

アンケートに書かれた衝撃の内容

最初の質問は、「九月二八日の臨時総代会では、出席する総代への委任状ではなく書面による議決に限定しました。このことについてどうお考えですか」。回答は、「定款に違反している」が一三人、「違反していない」と「わからない」が、それぞれ七人だった。

次の質問は、「書面による議決書の入った封筒を前日開封したという疑惑が聞かれます。そのことについてどう考えますか」。回答は、「臨時総代会の会場で開封したのを見ている」はゼロ」「見ていない」が一一人、「わからない」が一五人だった。つまり、本来ならば、出席した総代による記名投票の開票時に合わせて書面議決書を開封すべきところを、事前に開封していたことになる。もっとも、事前開封のみで、不正が行われたとは断定できない。

アンケートはさらに踏み込んだ質問をぶつけていた。

「書面による議決書用の封筒を事前に開封し、反対の総代に書き直させたという疑惑がありますが、あなたは書き直させられませんでしたか」

「話はなかった」が一二人だったが、驚くべき回答があった。「書き直しの依頼はあったが、書き直さなかった」という答えが二人もいたのだ。うち一人は実名で、極秘情報の信憑性が裏付けられた。書き直しの依頼があったということは、事前に書面通知書が開封されていたことにほかならない。

さらに、興味深いのが、「臨時総代会では記名投票になりましたが、六月の総代会と同じく無記名投票だったら、あなたはどういう投票をしたと思いますか」との問いへの回答である。

無記名投票だったら、「議案に反対していた」が九人いたほか、「賛成していた」も四人いた。無記名投票でも「変わらない」と答えたのは、回答者二二人中九人にすぎない。周りの目を気にして自らの意思を曲げて投票した人が、賛成・反対ともに相当数いたことになる。しがらみや仕事上の都合、圧力、長いものに巻かれざるを得ないとの思い、少数派になることへの不安、それまでの人間関係を優先する、などによるものであろう。ダムに賛成したくても賛成できなかったという人がいた点も、注目すべきである。

漁協組合員たちの本音

アンケートでの最後の質問は、「これからの漁協のあり方と最上小国川ダムについてどのように考えていますか。次の項目であてはまると思うものすべてに○をつけてください」だ。回答で○の多かった順に紹介しよう。

「若い小国川漁協組合員の割合が減少し、将来が心配だ」二二人。

「ダムによって、小国川流域の生態系は大きくかわるだろう」一五人。

「ダム建設より河川改修の方が、地元建設業の利益になる」と「ダムが出来れば釣り客が激減し、小国川漁協は財政的に厳しくなる」ともに一三人。

「稚鮎センターの水問題は、現在の場所にある限り解決できない」一一人。

「小国川漁協の予算・決算に不明朗な部分がある」六人。

「ダムができても小国川の清流は維持され、アユには影響ない」五人。

「穴詰まり・濁り対策をするので、ダムができても問題ない」四人。

「小国川漁協の財政は健全で、ダムができても将来ともに問題ない」一人。

そして、「最上小国川ダムは、最上町、舟形町の活性化に役立つ」は一人もいなかった。

ダムに反対する「組合員の会」が実施したアンケートなので、主にダム建設に批判的な人たちが回答を寄せたと考えられる。それにしても、漁協や地域の将来を心配する声が目立った。

アンケートは、回答者が自由に意見を記載する自由記入欄を設けていた。一四人がそれぞれの率直な思いを綴っていた。こちらも紹介したい(一部抜粋)。

ダム建設に賛成し、前向きに捉えている意見は四つあった。

「小国川流域で暮らす方々の安全・安心と漁業振興を願っています」

「良い結果が出ることを期待します」

「赤倉温泉地域の安全、安心な暮らしが第一!ダムの早期実現を望む」

「漁協組合長、吉村県知事、高橋最上町長、奥山舟形町長と地元町内会長とダム建設に一致した考えにまとまっているので、小国川未来振興に全力で取り組んでいただけると思う」

一方、ダム建設に反対ないしは懐疑的な意見は二つだ。

「一部の業者の為のダム建設であり、これから先に負の遺産だけが、残ってしまう事、温泉街には為にならないことだと思います」

「赤倉温泉街は水害を訴えていますが、川岸に旅館が建っている事自体が危険で、宿泊客が減ったことを水害の影響とし、温泉街の魅力がない事と話をすり替えている様に思います。ダムがあっても小国川に影響が無い様にすると言っていますが、赤倉温泉街は下水がなく、生活排水が垂れ流しです。その上、穴あきダムで、まるで人の体の血管をつまらせる様な穴あきダムを容認し、清流小国川を守るとは、理解に苦しみます。小国川の鮎は全国でも有名です。山形県が誇る名産物といえます。ダムに関係無く組合に補助金を出し支援するのが県の仕事ではないでしょうか」

漁協執行部や臨時総代会を批判する意見も三つあった。

「ある総代は物をもっていき賛成してくれと、回ったとのこと。総代会の会場で開封すべきである。役職についている人は皆、金とりではないですか」

「覚書、協定書の内容は、小国川漁協の立場で作成されていない。漁協並びに漁業権の問題が取り上げられていない。漁業権を持つ組合員の立場や権利の存在はいったいどこにあるのか？　将来の河川環境で《ママ》、悪化した場合の責任はだれなのか？」

「現在の理事の小国川漁協の運営では漁協は駄目になる」

ダム反対派への痛烈な批判や疑問を呈する声も三つあった。

「ダムができて周りの環境が整備され、一人でも多くの人が自然の中で釣りができることを楽しみにしています。反対する人の気持ちがわかりません！」

「ダム反対ならば、もっと早く反対するべきでした。財政は健全ではありません」

「理事の選出方法など改めるべきところは沢山あるが、県の方ではダム本体の入札もはじまっていると言うのに、いつまでも反対のための反対をしてもしかたないと思う。しつっこすぎる。いさぎよくない。前の組合長は穴あきダムならしかたないと言っていたのに、いつのまにか反対だけになってしまったが、反対することによって何かうまみでもあるのかと思う」

そのほか、こんな意見があった。
「ダム完成後、大雨によるダムの欠陥が有りや無しか、河川環境の変化が有りや無しか、以上監視続けたい」

高落札率で本体工事業者が確定

その後、最上小国川ダムの本体工事の入札が行われ、二〇一五年二月三日に開札された。入札には七つのＪＶ(共同企業体)が参加し、うち二つの応札額が県の「調査基準価格」を下回った。応札価格の最低額が一定額を下回った場合、手抜き工事などを防ぐ目的で、発注側は業者に価格の内訳書などの提出を求めて調査する。その一定額を調査基準価格という。

県は調査基準価格を下回った二つのＪＶに追加資料の提出などを求めたところ、いずれも辞退を申し出たため、残りのＪＶの中で応札額がもっとも低かった前田建設・飛島建設・大場組のＪＶが落札することになった。落札額は二九億九五〇〇万円(税抜き)で、落札率は九八・二七％だった。大場組は最上町の建設会社で、老人福祉や観光、教育関連などにも手を広げる地域随一の企業である(第9章参照)。

本体工事の業者の決定に対し、メディアの取材を受けた高橋組合長は、「工事中、川に濁りが出ないよう丁寧に進めてもらいたい。水産振興でも県などとしっかり協議を進め、清流を守っていきたい」と語り、ダムに反対する「組合員の会」の下村共同代表は、「ダムを造ってよくなった川はひとつもない。ダムは必要ないということを今後も訴えていく」と語ったという（いずれも『読売新聞（山形版）』二〇一五年二月六日）。

その言葉どおり、「組合員の会」メンバーら一七人は二月二三日、漁業法に詳しい熊本一規・明治学院大学教授とともに山形県庁を訪れ、水産振興課長と河川課長との話し合いに臨んだ。下村さんらは「漁協の総代会の決議だけでダム建設を進めることは、漁協組合員一人ひとりの漁業行使権を侵害するものであり、組合員の同意なしにダム建設を進めることはできない」と、県に訴えた。「漁業権はそれぞれの組合員が持っているので、組合員への説明と合意が必要だ」という主張である。

これに対し、県側は「漁協総代会で意思決定された。正式な手続きを経たものと考えている」と繰り返し、組合員全員の合意は不要との考え方を改めて主張した。話し合いは平行線のまま三時間ほど続き、県側が一方的に席を立ってお開きとなった。

第6章 よそ者と山男

最上小国川に惚れ込んだ下山さん
脱サラ移住し、ダム騒動の渦中に
〈写真提供：山本喜浩氏〉

「釣りバカ」の日々

「地元の人は小国川の良さをわかっていない。よその川に行かないので、ここの本当の良さがわからないんだと思う」

こう語るのは、「組合員の会」共同代表の下山久伍さんだ。

自分の意見をはっきり口にしない小国川漁協組合員が多いなかで、下山さんは異色な存在と言えた。話好きで、県庁の役人にも臆せず堂々とダム反対を主張するなど、一般的な組合員像とはだいぶかけ離れている。最上小国川の隅々に精通し、トコトン惚れ込んでいること。渓流ガイドとアユのおとり店を営み、小国川での漁業で生計を立てていること。そして、何よりも脱サラして移住してきた、よそ者である点だ。

下山さんは青森県弘前市の出身。岩手山の麓で生まれ育ち、子どものころはそれほど魚釣りとは縁がなかった。それが「釣りバカ」と言われるまでになったのは、サッポロビールに入社して恵比寿工場で働くようになってからだという。先輩に誘われて会社の釣りの同好会に入会し、海釣りを始めたのである。もっぱら東京湾での船釣りで、休日となると決まって海に出た。そんな海釣りに飽き始めたころ、先輩にアユ釣りに誘われ、神奈川県の酒匂川や相模川でころがし釣り(泳いでいるアユを針で引っ掛けて釣る)を手掛けるようになった。

そんなある日、いつものように酒匂川でアユのころがし釣りをしていると、対岸でアユの友釣り(アユの縄張りの中に掛け針をつけたおとりアユを入れ、体当たりしてくるアユを引っ掛けて釣る)をしている人に気付いた。興味を持ってその様子をうかがっていると、面白いように次々に釣り上げている。その太公望ぶりに下山さんは驚愕し、友釣りに興味津々となった。何日か後にチャレンジしたところ、アユの縄張りを読むことや、おとりを操作する技術など、その楽しさはころがし釣りどころではない。すっかり魅了されてしまったのである。二五歳のときだった。

友釣りにはまった下山さんは会社の同好会だけでは飽き足らず、「日本友釣り同好会」に入会する。そこでたくさんのアユ釣り名人と知り合い、彼らの教えを請うた。休日になると、名人たちとアユの釣れる川を求めて全国各地を歩くようになった。岐阜の益田川や馬瀬《まぜ》川、和歌山の日置《ひき》川、福島の会津大川などだ。東京から最終の新幹線に飛び乗り、釣り場へ向かうこともあったという。そして、全国規模のアユ釣り競技会に出場するようになり、まさに「釣りバカ」のサラリーマン生活を送っていた。

よそ者だからこそわかる最上小国川の素晴らしさ

そんな下山さんは一九八八年に仙台工場に転勤となり、一日中コンピュータの液晶画面を見つめることになった。自分には向かない仕事だと感じたという。ますます休日のアユ釣りが自分を取り戻す貴重な時間となり、東北地方の川を釣り歩く日々を送った。そうしたときに、仙台から近く、しかも、ダムのない日本でも有数の清流・最上小国川に出会ったのである。下山さんは、初めて最上小国川を訪れたときのことをいまも鮮明に覚えているという。

「一人で来て、二日間ずっとアユの友釣りをしていました。車泊です。あのときはたくさん釣れました」

その後、最上小国川通いを続けるようになり、「こんなに素晴らしい川はない」と実感し、引き寄せられてしまったのである。全国のいろんな川でアユの友釣りをしてきた下山さんが最上小国川に惚れ込んだ理由は、三つあるという。第一に、清流であること。第二に、天然遡上のアユも放流アユも多いこと。第三に、川の規模が小さく、高齢者の釣りに適していること。

最上小国川の鮎〈撮影・佐藤豊〉

川の規模が大きいと、若い人はまだしも年を取ると竿を出しにくくなるという。川岸から釣りのポイントまでの距離が遠いから、高齢の釣り人には難儀。倒れたら、そのまま流される危険性もある。これに対し、規模の小さい最上小国川ならばそれほどの距離とはならず、高齢になっても入ることが可能だ。下山さんは「小国川なら死ぬまでアユ竿を持って川に入れるでしょう。それこそ車の横で釣ることもできる」と、楽しそうに話すのだった。

こうした最上小国川特有の素晴らしさを地元の人たちはよく理解していないと、下山さんはぼやく。そして、最上小国川以外の川で釣りをしないので、その本当の良さを認識できずにいるのではないかと、分析する。全国各地の川を自分の目で見ていないので、最上小国川の価値を的確に捉えられずにいるというのである。たしかに、身近にあるものほど、その良さを客観視できにくいものだ。逆に言うと、外から眺めたほうが物事を冷静に判断できる。

川に惚れ込んで移住し、漁協組合員になる

下山さんは二〇〇〇年にサッポロビールを五四歳で早期退職し、家族とともに舟形町に移り住むことにした。もちろん、家族は猛反対したが、「このまま仙台にいても、自分の家も持てない。ここなら、土地も家も買える。それに、ここのアユはとても美味いので、商売になる。アユを買ってくれる人がたくさん出て、きっと釣りで稼げるようになる」と奥さんを必死に説得。「そうまで言うのなら、もう仕方ない」という言質を引き出したのだ。下山さんと奥さんは東京で知り合って結婚したが、奥さんの出身地が偶然にも鶴岡市だった。

当時は大手企業の社員にリストラの波が押し寄せる直前で、割り増し退職金も得られたそうだ。「いいタイミングだったのでは」と、振り返る。下山さん一家が舟形町の最上小国川沿いに建てた家に移住したのは一二月だった。その翌日、最上地域でも珍しいほどの大雪が降り、下山さん一家を驚かせた。

新しい生活がスタートすると、下山さんはおとりアユの販売と渓流ガイドの仕事を始めた。もちろん、そのころ、最上小国川にダムが建設されるなんて、思ってもいなかった。ダム計画の話そのものを知らずにいたし、自らがダム反対運動の真っ只中に身を置くことになるなんて、微塵も思っていなかった。しかし、いまや、亡くなった沼澤前組合長の川や地域への思いをしっかり継承し、それらを守るための努力を惜しまずにいる漁協組合員の先頭によそ者の下山さんが立っているのは、間違いない。

住民票を舟形町に移すと同時に、下山さんは小国川漁協への加入手続きを行った。書類などを持参して漁協事務所を訪ね、加入願いを提出した。紹介者なし、知人なしでの訪問者の応対に現れたのが、当時の沼澤組合長だった。下山さんは自分を取り上げた釣り雑誌の記事などを示し、釣りやアユ、最上小国川などへの思いを開陳した。加入はすんなり認められ、珍しい移住者の漁協組合員が誕生した。

誰よりも多く川に入る

下山さんは組合員になって間もなく、沼澤組合長から直接「(最上小国)川の監視員になってくれないか」と、声を掛けられた。断る理由もないので引き受けると、古手の組合員から「(組合員に)なったばかりで、そんなものやっていいのか」と、嫌味を言われたという。

むっときた下山さんが「じゃ、俺やめるから、あんたが監視員やってくれ」と切り返すと、相手は黙ってしまった。監視員には漁協から日当六〇〇〇円が支給されることなどから、下山さんはやっかみかと思ったという。そして、よそ者を見る目がやさしくないことを実感した。

アユ釣りの趣味が嵩じてプロになった下山さんは、川やアユについて精通している。下山さんが店で販売する友釣り用のおとりアユは、夜間に網を仕掛けて捕まえた天然アユで、一匹六〇〇円。川の中を泳いでいたアユなので、動きが違うという。こうした天然アユをおとりアユとして販売する店は数少なく、地域に一四ある店のほとんどが、漁協の稚鮎センターから購入した養殖アユをおとりアユとして販売していた。こちらは一匹五〇〇円。池の中で泳いでいたアユなので、おとりとしての動きはどうしてもいまひとつとなる。

下山さんはまた、店を訪れた釣り人を必ず釣れるポイントに案内することをモットーとしている。プロとしての顧客サービスであり、釣りの魅力を広めたいとの強い思いからでもある。一度釣れる面白さを味わえば、病みつきになるからだ。こうしたサービスの質を保つために、雪が解ける春先から川の見回りを始め、状況をこまめに把握している。誰よりも多く川に入り、川の隅々を細かく見て歩く日々を送っているのである。

下山さんによると、最上小国川のアユはとにかく美味く、その味は東北でも三本の指に入るという。それは、良い藻を食べ、流れの激しい川で運動をしているからだ。アユはとても繊細な生き物なので、下山さんは川で捕ったおとりアユを川の水で自宅まで運び、川の水を張ったおとり池に入れている。

ちなみに、下山さんの一年間のスケジュールはざっとこうだ。ヤマメの解禁期が四～九月、アユの解禁期が七～一〇月なので、四～一〇月が本業のかき入れ時となる。この期間は、おとりアユの販売と渓流ガイドに専念する。一一～一二月は海釣りで、一～三月が仕掛けづくりなど、解禁期への準備期間となる。

解禁期の一日のスケジュールもざっと紹介しよう。朝五時に起床し、おとりアユ用の池の水の入れ替えや掃除、さらにアユのチェック。六時から営業を開始し、おとりアユを販売する。午前中に、多いときで三〇～四〇人の友釣り客が店にやってくるという。昼前に池の水を入れ替え、午後はおとりアユ用のアユを釣りに川に入る。夕方、釣りを終えて帰宅。池の水を入れ替え、夜九時ごろ四回目の池の水の入れ替えをすませ、就寝となる。こうした日常をアユの解禁期中、一日も休みなく続けている。

川をいじってカネ儲けしたい人たち

そうした川での生活を送る下山さんにすれば、漁協のダム容認は考えられないことだった。ダムが造られれば、清流・最上小国川への悪影響は避けられず、魅力を損なうことにつながるからだ。それに、ダムによらない治水が可能で、そのほうがどう考えても合理的だと判断したからだ。下山さんは、ダムの弊害についてこう説明していた。

ダムができると、ダム湖の上流の水位が上がる。ダム湖上流の両岸に水が浸透することにより、がけ崩れが起きやすくなる。立ち木が倒れたり、斜面が崩れるなどして、大量の土砂がダム湖に溜まる。雨が降るたびにアユが嫌う軽い砂が下流に流れ出し、浅い流れの瀬を埋め、さらには荒瀬も埋めてしまうようになる。こうしてアユの大事な餌となる藻が生える石場が減り、しだいにアユも減る。それらは、穴あきダムであっても生じる。また、穴あきダムを造る時点で、山を削り、土砂を下流に流すから、その影響も大きい。

こうした見方は、川に親しみ、アユを知る人にとっては、常識である。下山さんは、こんな指摘もしていた。

「地元の人、漁協組合員の中に、『ダムを造るのはおかしい』と思っている人はいます。でも、彼らはものが言えないんです。ましてや、地元の土建会社に勤めている人は、もっとものが言えません。前の組合長さんは、川をいじることを嫌いました。いまの執行部はまったく逆で、川をいじったほうが金儲けになるとばかりにガンガンいじらせている。小国川から石を採取させています。問題はダムだけではなくなっているのです」

下山さんは、ダム容認をリードした漁協の理事たちへの不信感を隠さなかったし、漁協の実態も明かした。

「そもそも、川で釣りをしない人たちが漁協の理事になっているのが、おかしい。彼らは川やアユのことがわかっていない。だから、役人の『穴あきダムならアユに影響はない』なんて話を信じてしまう。アユに興味ないのかと思います。なにしろ、アユの育て方を知らない人が育成センターを任されていたくらいですから。それに、総代や理事がどうやって選ばれるのかが、まったくわかりません。選挙で選んだことはありません」

川の監視員となった下山さんはその後、漁協が管理運営する稚鮎センターの仕事も任された。こちらも沼澤組合長からの依頼を受けてだったが、そこで苦い思いをしていた。漁協幹部の稚アユ育成方針に疑問を感じて組合長らに直言したものの、きちんと受けとめてもらえず、身を引くはめになったのである。その幹部は川に年に一回入る程度で、しかも、網打ち漁だった。下山さんが提案・提言を繰り返しても、「よそ者」ということもあってか、逆に疎まれてしまったのである。その一件以来、沼澤組合長とも距離ができてしまったという。

下山さんは、アユの放流場所についても納得いかないようだった。適切な放流場所を吟味しておらず、釣り人が入れないような場所に放流していると指摘する。地元組合員の多くがもっぱら網打ち漁で、友釣りをする人は二割程度だという。友釣りをやるのは、主に流域外からやってくる人たちだった。そして、漁協は地元の人を優先し、外から釣りに来る人たちのことはあまり考えていないと指摘する。なかには、釣り券を購入する釣り人を邪魔な存在のように見ている組合員までいるという。それは、とりもなおさず、せっかくの地域資源を最大限に活用しようという意識を持てずにいるということの表れでもある。

よそ者だからこそ声を上げる

下山さんは地域の実情を知れば知るほど、危機感を抱いた。流域外からやってくる釣り人はダム問題に声を上げることもなく、アユが以前と同じように釣れなくなったら、別の川にさっと移動するのは間違いない。そして、いったん他の川に移動した彼らは、最上小国川には二度と戻ってこないはずだ。

それでも、沼澤組合長が健在のときにはダムはできないと思っていたという。だから、ダム反対の活動に出ることもなく、「守る会」のメンバーと接触することもなかった。それだけに、下山さんにとって沼澤組合長の自死は衝撃的だったという。

「真面目な方で、すべてを自分でかかえてしまったようだ。漁協のことを本音で話せる人が周りにいなかったんだろうか」と、声を振り絞った。

下山さんが沼澤さんと最後に会ったのは、亡くなる二〇日ほど前だった。二〇一四年一月一九日に、下山さんの奥さんの葬儀が執り行われた。乳がんで、六二歳の若さで亡くなったのである。その葬儀の場に沼澤組合長が参列し、久しぶりに顔を合わせた。

その直後の二月一〇日に沼澤組合長が自死し、漁協はダム容認に大きくハンドルを切る。舟形町でダム反対を明言する漁協組合員が現れない中で、よそ者の下山さんが声を上げるようになった。ダムに反対でも、日中は仕事に追われて活動する時間がない人や、しがらみによって自分の意見を言えない人がたくさんいるのをわかっていたからだ。下山さんは、こう語る。

「ダムに反対する人たちがいたので、私も声を上げた。足を突っ込んだら最後、もう抜け出せない」

こうして下山さんはダムに反対する漁協組合員の先頭に立つようになり、「守る会」の会合にも顔を出し始めた。彼らと行動をともにして気付いたのが、地元の人間がほとんどいない厳しい現実であり、会の情報がダム推進派にダダ漏れ状態にあるという悲しい実態だった。あるときからパタッと会合に顔を出さなくなった人が、推進派の中心メンバーと懇意なのを後から知ることもあった。まるで、暗闇の中で味方を手探りで探すようなものだった。

自分たちがいろんな手を繰り出してはいま一歩のところで挫折するのも、相手方に相当の知恵者がいるからではないかという。では、そんなに頭の良い人間とは、いったい誰なのにか。

山男たちが始めた反対運動

「自ら行動する人はあまりいません。人頼みで、自分はじっとしていて動かないという感じの人がほとんどです。いまになって、沼澤さんがなぜ亡くなったのか、(その気持ちが)わかるような気がします」

しんみりと語るのは、「守る会」事務局長を務める沓澤正昭さん。小国川漁協のダム反対派とともに活動を展開している住民グループの中心メンバーだ。

沓澤さんは前述したように、二〇一四年夏に共同代表の高桑順一さんと二人で、漁協の総代宅を戸別訪問してダムによらない治水を訴えた。訪問先では「本当はダム反対なんですが……」という人がたくさんいたという。しかし、地縁血縁と人間関係、それに仕事絡みも加わり、ものが言えない。誰それに恨まれるから反対できない、と言う人もいたという。沓澤さんは戸別訪問をして初めて、沼澤前組合長の苦しみがわかったとしみじみ語る。そして、「われわれの限界を知りました」と、力なく語るのだった。

沓澤さんは山形県真室川《まむろがわ》町で生まれ育った。真室川上流の山里で、高校生のときに新庄市に移り住んだ。沼澤さんと同様、郵便局に勤務し、労働組合の活動にも熱心に取り組んだ。定年退職後は、新庄市内で行政書士の仕事をしている。

山村育ちの沓澤さんは魚釣りや川遊びとは無縁の生活を送り、趣味は山登り。といっても、本格的に登山を始めたのは二〇代になってからだという。体を壊し、病後の体力づくりとして始めたのである。高校時代の同級生の誘いもきっかけとなり、一緒に山に登るようになった。その同級生というのが、地元で高校教師をしていた高桑さんだ。高桑さんは新庄東高校の山岳部OBで、本格派の登山家だった。このころから二人は行動を共にするようになる。なお、舟形町の奥山知雄・町長も高校の同窓生だという。

沓澤さんは登山に熱中するうちに、自然環境に強い関心を持っていく。森林の保護や渓流の保全運動に関わるようになり、一九八八年に仲間と「神室《かむろ》山系の自然を守る会」という自然保護団体を設立し、世話人になった。会の代表は高桑さんだ。

最上地域で自然保護運動を展開した高桑さんたちは、東北六県の他の自然保護団体とも交流を重ねた。そして、年に一回、それぞれの運動内容などを報告する交流会を各県持ち回りで開催するようになる。

二〇〇四年の交流会は山形県で開かれ、会場となった赤倉温泉に、東北六県から一七の自然保護団体のメンバーが集まった。この交流会の場で初めて、最上小国川ダム計画の問題が俎上にあがり、「神室山系の自然を守る会」がダム反対の声を上げた。そして、小国川漁協の沼澤組合長と連絡を取り合うようになり、沓澤さんや高桑さんはじめ山男や山女が「最上小国川の清流を守る会」を設立し、ダムによらない治水を求める活動を始めたのである。

メンバーの多くが登山家で、ダムや川、アユのことなどに詳しいはずもない。一から勉強することになった。もちろん、小国川漁協や最上町と舟形町の町政などについて精通しているはずもない。そんな彼らはダム反対の活動を進めるなかで、驚かされることばかりだった。

沓澤さんと高桑さんは長年、盟友関係にある。二〇一四年冬に臨時組合員総会の開催を求める署名を集めた際は、二人で膝まで積もった雪をかき分け、地域内を歩いて回った。結局、こうした苦労は実らなかったが、うれしい出来事もあったという。戸別訪問先で、高桑さんが高校教師時代の教え子に出会ったのである。

高桑さんは、最上町内の新庄北高校向町分校に勤務した経験を持つ。現在の新庄北高校最上分校で、社会科の教師として一六年間勤務した。当時の教え子や保護者が舟形町に住んでいて、思いがけない邂逅となった。

　懐かしい顔を見て高桑さんが思い出すのは、分校の生徒や保護者が小国川とともに生活しているかつての姿だった。休日明けに生徒から「友人と釣りに行ってきた」とか「昨日、川に行ってきた」という話をよく耳にした。高桑さんは最初、「高校生になっても川遊びとはなんたることか」と思っていたそうだ。

　しかし、分校勤務を重ねるうちに、自らの不明を恥じるようになった。高校生が「川に行ってきた」とごく自然に口にするのは、最上町や舟形町の人たちが最上小国川を大切にしながら生きていることの証であると気付いたのである。

ともに落選

　二〇一五年四月に統一地方選挙が実施された。山形県では県議選などが行われ、「守る会」の共同代表二人がそれぞれ県議選に立候補した。現職の草島さんが鶴岡市選挙区から再選を目指し、高桑さんは最上郡選挙区から初出馬。ともに無所属である。

　舟形町中央公民館で出馬表明した高桑さんは、「最上小国川ダムの建設決定をめぐる県のやり方は疑惑や不正にまみれており、許せない。県政を変えるために立候補した」と語った。そして、「目先の利益しか見ない多数派は地域を壊し、地域を愛する少数派こそが未来をつくる」

ということを信念として頑張ると表明した。最上郡区は定数二。二人の自民党現職(うち一人は小国川漁協理事で、建設会社オーナー)と、自民党参議院議員の長男で無所属新人、それに高桑さんの四人による選挙となった。

結果は、草島さんが七六四三票で次点、高桑さんは九九九票で最下位。ともに落選した(草島さんは二〇一七年一〇月の鶴岡市議選に出馬し、五〇〇〇票を獲得してトップ当選した)。

統一地方選終了後の四月二七日、最上小国川ダムの本体工事の安全祈願祭が執り行われ、六〇人ほどの関係者が集まった。参加した最上町の高橋重美・町長は「赤倉地区の洪水対策として県に要望して以来、二七年越しの願いが実現し、感無量だ」と述べた(『河北新報』二〇一五年四月二八日)。また、舟形町の奥山町長は「全国に誇れるようなダム、(流域の)環境づくりを進めなければならない」と意気込みを語ったという(『朝日新聞(山形版)』二〇一五年四月二八日)。

こうして、最上小国川ダムの工事が二〇一九年三月の完成を目指して始まった。

ところで、最上小国川ダム建設の最大の功績者といえば、小国川漁協を屈服させた県農林水産部の阿部清・技術戦略監(兼)次長であろう。阿部次長は二〇一五年四月から、最上総合支庁の支庁長に栄達した。技術職の県職員としては異例の大出世だという。定年退職後の阿部氏に取材を申し込んだが、「在職中のことは一切、話さないようにしている。それが私の主義です」と拒否された。

第7章

談合政治の風土

人口減少が進む舟形町。駅前も閑散としている

人口が半減した舟形町

「奥山町長は、いつも沼澤組合長を激励していました。『組合長がノーと言えば、ダムはできない』と助言もしていました。それが本心だったのかわかりませんが、それがあっという間にダム推進になってしまいました」

こう嘆くのは、舟形町のある行政関係者だ。

最上小国川の下流域にあり、最上川との合流地点に広がるのが、舟形町だ。町の面積は約一一九平方キロで、約七割を山林原野が占める。東西に長い地形で、新庄市を中心とした最上地域八市町村(ほかに最上町、真室川町、金山町、鮭川村、戸沢村、大蔵村)の南端にあたる。積雪が多く、たとえば二〇一四年の最大積雪量は舟形小学校で一六〇センチ、堀内小学校では一九一センチを記録している。冬場の出稼ぎを余儀なくされる時代が一九九〇年前後まで続いていた。

舟形町は「昭和の大合併」時の一九五四年に、旧舟形村と旧堀内村が対等合併して誕生した。古くは亜炭鉱山で栄え、最上地域と村山地域を結ぶ宿場町でもあった。ピーク時には約一万二〇〇〇人の住民をかかえていたが、現在(二〇一七年六月末時点)は半分以下の五五六六人。世帯数は一八八八である。いまはごく普通の農業の町で、名物といえば、アユと巨木、縄文時代の土偶「縄文の女神」(国宝)が出土した西ノ前遺跡といったところである。

八市町村の広域合併から一市一町の合併へ

「平成の大合併」では当初、最上地域八市町村での広域合併が模索され、二〇〇三年二月に任意合併協議会が設置された。当時の八市町村の総人口は九万五四一〇人（二〇〇〇年国勢調査、以下同じ）で、新庄市が四万二二五一人と四四％を占めていた。総面積は約一八〇四平方キロで、香川県や大阪府とほぼ同じ。広大な最上地域の中心地が新庄市であることは、誰もが認めている。

ところが、その新庄市の求心力に難点があった。任意による合併協議を経て法定協議に移行する段階で、新庄市と舟形町を除く六町村が法定協議会への不参加を相次いで表明。合併協議から離脱していった。

このため、残された新庄市と舟形町だけで合併協議を進めることになり、二〇〇三年八月に改めて法定協議会が設置された。新庄市と舟形町は電車でわずか七分という近距離にあり、生活圏も重なっていて、人の行き来も盛んだった。最上地域の中で、とくに結びつきが強かったのである。新庄市と舟形町は、理想的な合併の組み合わせとも言えた。

だが、新庄市との合併に対して、舟形町民の気持ちは揺れていた。それも無理からぬ話だった。新庄市の財政状況が隠しようのないほど逼迫していたからである。

新庄市の当時（二〇〇二年度）の経常収支比率は九八・五％で、起債制限比率は一五・二％を記録していた。経常収支比率は、税収や地方交付税などの経常的な収入のうち何%が人件費や公債費などの経常的な経費に使われたかを示す財政指標である。九〇%を越えると、財政状況に問題ありと判断される。起債制限比率は、自治体がかかえる借金のうち、地方交付税で手当てされる額を差し引いた実質的な借金の負担割合を示した財政指標である。こちらは一四%以上が警戒ラインとされる。新庄市は両指標ともに、警戒ラインを越えていた。なんと山形県内でワーストワンの財政状況に陥っていたのである。

一方、舟形町の経常収支比率は八六・四%、起債制限比率は八・七%(いずれも二〇〇二年度)で、合格圏内だった。最上町や真室川町など最上地域のその他町村も、すべてが合格圏に入っていた。

新庄市が財政状況を悪化させた要因は明白だった。山形新幹線の延伸が決まり、新庄駅が終着駅になったのは、一九九九年一二月。新庄市はこの機会を逃してはならないとばかりに、地域活性化の壮大なビジョンを描き、積極的に打って出た。駅周辺の整備などに乗り出し、広大な駐車場や広場、交流センターといった大規模施設を建設して、観光客や流入人口の増大を目指した。しかし、残念ながら、結果は惨憺たるものとなる。

もともと脆弱だった財政はさらに悪化し、借金の山を背負いこんだ。新幹線バブルに酔い、踊り、そして、一敗地にまみれたのである。そのため、新庄市との合併を考えた周辺自治体がひとつ、またひとつと離れていき、最後まで残ったのが舟形町だった。

県内初の住民投票で単独路線に

新庄市との法定協議を始めたものの、舟形町民の気持ちはまとまらず、むしろ、動揺が広がるばかりとなった。合併協議で事務事業の擦り合わせを進めるうちに、舟形町と新庄市の行政サービスの格差がより明らかになったからだ。過疎地指定を受けている舟形町のほうが手厚く、その違いは教育関係に顕著である。たとえば、舟形町の学校給食費は新庄市より安く、スクールバスでの送迎も完全実施していた。合併後は、そうした行政サービスの低下が懸念された。新庄市の財政状況を知れば知るほど住民の不安は募り、合併に対して及び腰となっていった。

やがて、舟形町の住民から「合併の是非を住民投票で問うべきだ」との声が上がり始めた。行政や町議会が自分たちの意思を無視して、新庄市との合併に突き進んでいるという不満が町内に充満していたのである。だが、当時の鈴木勝治・町長は合併推進の旗を降ろさず、町議会も議員発議の住民投票条例案を否決した。

議会での活発な議論なきまま合併に邁進する行政と議会の姿勢に業を煮やした住民は、住民投票条例制定を求める直接請求の署名活動を開始した。「町議が新庄市との合併に賛成するのは、議員報酬が上がるからだ」といった話まで、まことしやかに語られた。署名は有権者の三分の一以上の二〇三五人分も集まり、山形県内で初の住民投票が実施される運びとなった。二〇〇三年一二月のことである。
新庄市との合併の賛否を問う住民投票は、二〇〇四年六月六日に行われた。結果は、合併反対が三四六六票、合併賛成が一二五九票。投票率は八五・七七%。合併は破談となった。

こうして舟形町は単独路線を歩むことになったが、自立の覚悟や決意を持ったうえでの選択とはとても言い難かった。将来展望を持ったうえでの積極的な決断でもなかった。そもそも舟形町の財政も脆弱で、財政力指数は〇・二程度にすぎなかった。財政力指数は、自治体が行う標準的な行政サービスにかかる経費のどれくらいを自前の税収で賄えるかを示す指数で、経費を税収ですべてまかなえれば一以上となる。逆に、税収が経費を下回る自治体は一未満となり、税収が不足するほど数値は小さくなる。

舟形町の行政サービスの手厚さは、自力によるものではなく、過疎地域に指定されている恩恵という面が大きかった。元利償還金の七割を国が地方交付税で肩代わりしてくれる過疎債などを活用できるからだ。新庄市を除く最上地域の他の六町村も同様に過疎指定されているから、財政力の脆弱さは五十歩百歩であった。

結局、八市町村はそれぞれ単独の道を歩むことになったが、いずこも人口減少に歯止めがかからず、地域全体の疲弊が不気味なほどの勢いで進行している。そして、行財政のスリム化、効率化など取り組むべき課題は、合併騒動で地域全体が揺れたときよりもさらに深刻化している。

舟形町の特異な政治風土

舟形町の政治や行政には、「奇妙な伝統」とでもいうべきものがいくつか存在した。

舟形町は激しい町長選挙が繰り広げられる町として、山形県下で知られていた。なにしろ現職と元職、新人による町長選挙で、現職が勝ったためしがない。決まって現職が落選し、町長が交代する珍しい自治体だった。

激しい政争の根底にあるのは地縁血縁、地域のしがらみで、その元は一九五四年の二村合併まで遡る。旧舟形村と旧堀内村の有力者が町長ポストを奪い合う激しい選挙が繰り返され、地域対抗戦の様相を呈していた。また、親類、元選挙参謀、元助役といった「身内」同士のドロドロの骨肉の争いになる場合が多く、決まって大接戦・大混戦になった。町は町長選挙で必ず真っ二つに割れるが、それは政策論争によるものではなかった。そもそも、選挙戦で政策が語られることなどなきに等しかったのである。

選挙戦ではそれぞれの候補が最上小国川の右岸と左岸に陣を張り、まるで戦国時代の合戦のように対峙した。各集落の入り口に交代で運動員が立ち、相手陣営の票集めを防御するのも恒例となった。さすがに鉄砲の弾が飛び交うことはないが、怪文書が飛び交い、有権者宅に現ナマがぶち込まれるのは、ごく普通だった。このため、選挙違反で摘発される運動員が続出した。町長選挙後に公民権停止処分を受ける町民が相次ぐのが、舟形町のいわば恒例行事となった。

一九六二年の三回目の町長選挙では、当選した候補まで買収の疑いで逮捕された。

地元の行政関係者は、当時の地域の事情をこう解説する。

「出稼ぎ時の二月に町長選挙が行われることも影響していると思う。選挙で仕事に出られなくなるので、その分の金を出さなければならない。それに、ここではものを頼むのに金を渡すことが、当たり前になっている。町長選挙はまるで四年に一度のお祭りのようになっていて、地域全体で盛り上がった」

選挙で「カネをやる、カネを要求する、カネをもらう」ことが、当たり前のように行われていたのだ。もっとも、バブル経済が崩壊するまでは、日本全体が多かれ少なかれこうした実態であったといっても過言ではないだろう。もちろん、その度合いに強弱はあり、この地域がとくに激しかったと言える。

ここで、舟形町長選挙の戦いの歴史を一九六八年から振り返ってみよう。

この年は、旧堀内村で土建業などを営む沢内甚一郎氏が、旧舟形村出身の現職町長を激戦の末、退けた。その沢内氏は二期目を無投票当選で果たしたが、三期目の一九七六年は旧舟形町出身の助役・沼澤長吉氏に惜敗する。

その四年後の一九八〇年は、現職の沼澤氏が前町長の沢内氏に惜敗し、政権が再び、旧舟形村から旧堀内村に交代した。現職と前職の因縁の戦いとなったこの年の町長選挙はかつてないほど激しいものとなり、両陣営から逮捕者が続出する、金権腐敗の醜い選挙だった。選挙後に

『山形新聞』がこんな記事を掲載し、その驚くべき実態を明らかにしていた。やや長いが、その一部を紹介しよう。

「まず誹謗、中傷合戦。沢内氏が去年(一九七九年)の一一月、大石田町の国有林からカエデの木を盗み森林法違反で検挙され、尾花沢署から書類送検されると『不祥事を起こした沢内さんはもう町長選挙に立候補しないでしょう』という怪文書が町内にバラまかれた。

沢内派も負けてはいない。一二月定例町議会最終日。沢内派議員から緊急動議が出された。『町長が去年(一九七九年)の夏、公用車で上山の競馬場に行ったのを見た町民がいる。公職にあるものが非常識ではないか』。沼澤町長は『山形での会議の帰り、上山の友人に寄り誘われてやった。なんでもやってみたい性格なので……』と苦しい答弁。もちろん、町中はこの話でもちきり。

さらに告示直前の二月一日。沢内氏が訴えられた。『五一年(一九七六年)一二月ごろ、水害復旧工事の際出て来た川の石約五〇〇個を盗んだ』と。(略)

当落の決め手といわれる長沢地区で雪捨てをしていた老人に水を向けた。『ここは沼沢さんが強いそうですが……』『いや、沢内さんだね。これだよ』と親指と人差し指で『円』を作ってみせた。この地区から買収容疑で逮捕者が出ている。

同じ地区で若い人に呼び止められた。『今度の選挙ほどひどいのはない。初め一万円を置き、相手方がカネをまいたと聞くとそれに二万、三万円と上乗せしていく。このままでは町がだめ

になってしまう』。(略)

今回は二八日までに沢内派八人、沼澤派二人、合わせて一〇人の運動員がいもづる式に挙がった。若い運動員が目立つ。前回(一九七六年)は年配者に渡した金が一部着服されたために、若い人を使ったと警察ではみている」(『山形新聞』一九八〇年二月二九日)

票をカネで買うだけでなく、山や川から木や石を盗んだと訴えられるような人が町長になっていたのである。

一九八〇年に激戦を制してカムバックを果たした沢内氏は、次の八四年の選挙を無投票でクリアした。ところが、一九八八年の町長選挙で、またしても沼澤元町長に雪辱されたのである。再び、旧堀内村から旧舟形村への政権交代だ。こうして舟形町は、沢内―沢内―沼澤―沢内―沢内―沼澤と町長がコロコロ変わる、どうにも落ち着きのない町となっていた。

五票差の政権交代をきっかけに、政争から談合のまちへ

そんな激しい町長選挙を繰り返してきたなかでも、史上最高の激戦となったのが一九九二年の町長選挙である。町の収入役を務めた鈴木勝治氏が前町長の沢内氏の後継候補として旧堀内村から出馬し、現職の沼澤氏との一騎打ちに挑んだ。選挙戦は積雪を溶かしてしまうような激しさで、結果は新人の鈴木氏が二七一二票、現職の沼澤氏が二七〇七票。わずか五票差で、またしても政権交代となったのである。しかし、これに納得いかない沼澤陣営が選挙無効を訴え

るなどし、町政の混乱がしばらく続いた。

おそらく、この未曽有の混乱がきっかけとなったものと考えられる。舟形町内に「いつまでも地域対抗戦のような政策なき政争を繰り返すべきではない」といったムードが生まれ出したという。そして、町の有力者の間に「地域を二分する町長選挙はもう止めよう」という認識が広がり、いつしかそれが了解事項となった。激しい選挙戦で白黒をつけるのではなく、告示前の話し合いで町のトップを決めるようになっていったのである。

一九九六年の町長選挙は現職の鈴木氏が無投票で再選され、四年後の二〇〇〇年も無投票で三選を果たした。こうして舟形町は旧村の主導権争いを水面下の話し合いで調整し、町政運営を安定したものに変えていった。

その鈴木町長が引退を表明した二〇〇四年は、合併問題で大揺れとなっていた時期でもある。多くの町民は合併の是非を争点とした町長選挙の実施を期待し、誰もが告示直前までそうなるものと思っていた。新庄市との合併を推進してきた鈴木町長が収入役を後継者に指名し、合併反対を掲げる元助役の伊藤和昭氏が対抗馬として名乗りを上げたからだ。選挙の争点も明確で、かつての町を二分した激しい町長選挙が再現されるかと思われた。しかも、旧村の勢力争いではなく、町の進むべき路線や政策をめぐる本来の選挙の姿となると期待された。

ところが、選挙戦の直前になって収入役が出馬を取り止め、合併反対派の伊藤氏が無投票で初当選を果たした。前年一二月の合併反対派による直接請求の署名集めが成功したことを受け、合併推進の後継候補がいわば「敵前逃亡」したのである。舟形町民はまたしても、町のあり方や将来の姿を論じる大事な機会を逸してしまった。

合併反対を掲げて無投票で町長になった伊藤氏は就任直後の議会で、「新庄市との合併は時期尚早であり、当面合併はしない」と表明し、行政サービスの低下が予想されることなどを理由に挙げた。こうした経緯があって、前述したように、その後に実施された住民投票（二〇〇四年六月）で合併反対が七割を超えることになった。無投票での新町長誕生により大きな流れができあがり、それに抗うことなく同調する人たちが相次いだのだ。

合併問題をクリアした伊藤町長は一期で引退を表明し、二〇〇八年の町長選挙は無投票となった。町長ポストを禅譲されたのは、前回の町長選挙で直前に出馬を断念した元収入役の奥山知雄氏。引退した伊藤氏は当時、七〇歳。まだ余力のあった伊藤氏が、後輩の奥山氏にポストを譲ったとの見方がもっぱらだった。

奥山町長は二〇一二年も無投票当選し、町長の無投票選出が五回も続いた。選挙のたびにカネが乱れ飛ぶかつての政争の町の面影はすっかり消え、新たなトップが選挙告示前の「談合」によって決められる町に変貌した。住民は、自分たちが住む町のトップを選ぶ機会すら得られない。地域にとって重大な問題は、公の場で議論するのではなく、むしろ、封印してしまうようになったのである。ダム問題もその例外ではない。いや、その典型的な事例であった。

舟形町の奇妙な伝統は、町長選挙の激しい争いと、その後の無投票だけではない。実は話し合いで選出された歴代の町長はすべて役場職員出身で、かつ、収入役や助役からの転身組だった。しかも、町の職員組合の委員長経験者でもある。つまり、舟形町には町長になるキャリアコースのようなものができあがっていた。役場職員―職員組合委員長―総務課長―収入役・助役―町長である。

二四年ぶりの町長選挙

奥山町長は二〇一五年六月定例議会で、翌年二月の町長選挙への出馬をいち早く表明した。このため、町長選挙は六回連続の無投票となるものと思われた。ところが、舟形町の元総務課長(当時六二歳。以下同じ)の立候補の動きが表面化すると、奥山町長は三選出馬をあっさり撤回し、引退を表明した。こうした予想外の動きに町民は驚くと同時に、またしても町長ポストが役場内部で順送りされるのかと落胆した。

その直後、新庄市の元総務課長(六五歳)と舟形町の元職員(五五歳)が相次いで町長選挙への出馬を表明。二四年ぶりに町長選挙が実施されることになった。四半世紀ぶりの選挙戦に地域は沸いた。

新人三人による町長選挙の争点は、現町政の改革か継続か。最上小国川ダムはすでに本体工事が着工されており、論じられることはなかった。二〇一六年二月一四日に投開票され、元町職員の森富広氏が初当選した。投票率は八八・四八％で、森氏が一五八六票、新庄市元総務課長が一四六一票、舟形町元総務課長が一一七三票。落選した二人はともに旧舟形村出身、当選した森氏は旧堀内村出身で、収入役や助役(副町長)ではなかったものの、町の職員組合委員長を務めていた。町政の改革を掲げて町長ポストについた森氏の手腕が注目される。ちなみに舟形町議会は定数一〇で、現在の議員はすべて男性。

官による支配・統制

舟形町は官による支配・統制が確立された自治体と言える。それはまた、地域の民の力の弱さの裏返しの現象でもあった。その実態は、各種のデータからも読み取れる。

たとえば、経済力である。町内に大きな民間事業所はない。町で最大の職場と言えば、町役場だ。山形県がまとめた二〇一〇年の経済活動別市町村内総生産をみると、舟形町内の総生産額は約一一三億八〇〇〇万円。産業別の所得額トップは「公務」の約二四億八八〇〇万円で、約二一・九％にあたる。続くのは「金融・保険業・不動産」で、約二一億六一〇〇万円(約一九％)だ。町の就業人口に占める「公務」の割合はわずか四・五％ほどにすぎないから、官民の間に大きな経済格差が生じていることがわかる。小さな町は、高給で安定した公務員と経済力に乏しい住民に大きく二分されるとみてよいだろう。

町内総所得額を町の人口で割って弾き出した町民一人あたり所得額は、約一八四万六〇〇〇円(二〇一〇年)である。一方、給与総額を職員数で割って算出した町職員一人あたり給与(二〇一六年度)は、約六一四万円となっている。

官による支配・統制が続く舟形町の「奇妙な伝統」は、ほかにもまだある。それは、町の政治や行政にとどまらず、地域全体に深く根を張った「習い性」というべきものであった。「地域にとって重大な問題であればあるほど、それには触れずにおく」という事なかれの風潮である。町長や議員だけでなく、住民もだ。意見の対立や齟齬が予想され、ひとつにまとまりにくい話であればあるほど、誰もが口をつぐんでしまう。自分の意見や考えを語らず、話題にすることさえ避けるのを暗黙の了解とする気風が、地域に染みわたっていた。その代表的な事例が、町や議会の最上小国川ダムに対する姿勢である。

舟形町にとっての貴重な地域資源といえば、最上小国川であることは疑いようもない。ダムのない清流によって育まれるアユなどは、町の特産品として全国に売り出せる大きな価値を持つ。その最上小国川にダムが造られるとなれば、地域への影響は決して少なくなく、単に漁協にとっての課題ではない。地域の未来を見据えて建設の是非を話し合い、地域の意見を事業主体の県にしっかり伝えるべき事柄である。

ところが、舟形町は町長も議会もダム問題についてきちんと議論を行わず、町としての意見も明確にしてこなかった。沼澤組合長が存命中、まるで「漁協の問題」のように扱い、建設の是非の議論から距離を置いていた。真摯に向き合わず、賛成も反対もはっきり表明せずにいたのである。

なかには、「地域としてダム問題をきちんと議論すべき」と主張した住民もいたようだ。しかし、町長や町議らは「票が逃げていくので」と尻込みし、住民の多くも口をつぐんでしまった。ダムによらない治水を強く訴える沼澤組合長に遠慮したのか、ダム賛成の声を上げる人もいなかった。それだけ沼澤組合長の地域における影響力が大きかったとも言えるが……。

大きな流れに同調する民意

舟形町の行政も議会も住民も大勢が判明するまで沈黙を守り、自分たちの意見を表明せずにきた。沼澤組合長の死後、ダム容認への流れが明確になると、次々にその流れに飛び乗ったというのが実態で、強い同調圧力に抗えずやむなく転換といったものではないだろう。多くの人が洞が峠を極め込んでいたのである。周囲がそうであるからこそ、自らの意見を堂々と主張する人たちは、いっそう苛立ちを募らせたのではないか。それで自分たちの主張を声高に語るようになり、かえって孤立を深めるという悪循環に陥ったように思えてならない。

地域の未来を左右する重要な課題に直面しながら、その課題を直視せず、議論もしない。それが、いわば舟形町の伝統のようになっていた。もっとも、舟形町だけがそうした地域性を持っているということではないだろう。最上地域の他の市町村も似たようなものだし、山形県内も同様だ。

それは、いまや日本社会全体の姿と言っても過言ではないだろう。自らの意見・考えをはっきり表明せず、自らの地域の代表を選ぶという強い意志も持たず、地域の課題を自らの課題として取り組むこともない、単なる居住者の集まりが、いまの日本の社会の実像ではないか。そしてまた、全体に流れるそこはかとない空気、雰囲気、大勢に抗うことなく、深く思慮せず、唯々諾々として従うのが、いまの日本社会の姿ではないか。

だが、ここで留意しなければならない点がある。全体が黙って従うことになる空気や雰囲気、大勢というものは、誰かが意図的につくり出し、流しているのであって、日本の社会の中で自然につくられ、流れる類のものでは決してないという点だ。

二〇一七年一月五日に告示された山形県知事選挙は、無所属で現職の吉村美栄子・知事が無投票で三選を決めた。前回に続き二回連続の無投票当選である。前回と同様に、民進党（旧民主党）と共産党、社民党、それに連合山形の支援を受けた吉村氏に、自民党県議の一部も支援に回ったため、自民党が候補擁立を断念したことによる。山形県では、県知事選挙までも無投票が珍しくはなくなった。それればかりではない。他の市町村においても、首長選挙や議員選挙の無投票が相次いでいる。

こうした現象の背景に「争いを避ける県民性」があると指摘する識者もいるが、果たしてそうか。「争いを避ける県民性」といった穏当な表現ではなく、「長いものに巻かれる県民性」ないしは「自己主張せず、さらに冷静な話し合いも不得手とする県民性」と言うべきではないか。重要な事柄が議論なきまま、なんとなく決まっていく。それは換言すれば、力のある人たちの意向に沿った結論になるということだ。

見返りとしての新孵化場

二〇一六年一〇月二八日に新しいサケの孵化場が舟形町内に完成し、その落成式が執り行われた。

一九五二年に舟形町長者原に建設されたサケ孵化場は老朽化が進むとともに、浅井戸のため、孵化・飼育するには水温が低く、採卵初期は稚鮎センターに収容せざるを得ないなど、事業に支障をきたしていた。このため、町などが新たな施設の建設などを検討し、稚鮎センター内に併設することを決めていた。山形県がダム容認の事実上の見返りとして漁協などに提示した、流域振興策の目玉である。

稚鮎センター内にサケ孵化用の施設を新設し、そのうえで井戸を新たに三本設置して、その水をアユの育成にも活用することになった。総事業費(当初計画)は約一億六八〇〇万円にのぼり、このうち半分が国の補助金(八四〇〇万円)による。残りの半分は県と町とで折半で、これまでならば残りの全額(八四〇〇万円)を負担しなければならなかった舟形町は、四二〇〇万円の支出ですむことになった。県の意向に沿うことで得られた支援策であった(最終的な総事業費は約一億八六〇〇万円にのぼった)。

第8章

捻じ曲げられた論点

治水と自然の二者択一にあらず

建設が進む最上小国川ダム（2017年11月15日撮影）。穴あきなのは事業そのものでは？

〈写真提供：小林守氏〉

苦杯を喫した誠実な議員

「この町の住民は(最上小国川ダムに)無関心な方が多いと思います。ダム反対派の話はもう聞きたくもないといった空気になっています。住民訴訟が続いていますけど、それについても〝まだ反対しているんだ〟といった受けとめ方です。住民は争いの中に入りたくないと思っています」

こう語るのは、最上町に住む小林守さん。二〇一五年七月の町議会議員選挙で苦杯を喫した、最上町の前町議である。

最上町は町長も議会もダム建設を明確に掲げており、議会内は一貫して推進一色となっていた。ダム反対派との対話さえ許されないといった雰囲気が漂い、ほとんどの町議は彼らとの接触を避けていた。そんな中で小林さんはやや異色と言えた。現職議員のときにダム建設に反対する「守る会」が最上町で開催したシンポジウム(六七ページ参照)に参加し、彼らの意見にじっくり耳を傾けていたからだ。

小林さんがこのシンポジウムに参加したのは、議員としてごく当たり前の行動と言える。彼は、自分でいろんな情報を入手したうえでダムの是非を考えたいと思っていたのである。「自身の勉強不足も痛感しており、ダムに反対する人たちからも情報を仕入れたいと思った」と、率直に語った。事実、シンポジウムに参加する前後に穴あきダムの先進事例を二カ所、最上町議会視察団の一員として視察していた。

上から目線で嫌われた反対派

守る会のシンポジウムに参加した小林さんは、こう明かした。

「ダム反対派の主張に共感する部分はありましたが、賛同はできなかった」

ダムに反対する人たちに、ある種の違和感を禁じ得なかったようだ。こんな含蓄ある感想を漏らしていた。

「(ダムに反対する人たちは)詳細な資料と高名な専門家の話などで、ダムの不要をしきりに主張していました。皆さん、大変よく勉強しているので、どうしても声高になってしまうのだと思います。しかし、声高に言われれば言われるほど、耳を塞ぎたくなってしまうものです。うちの住民には受け入れられないなと思いました」

どうやらダムに反対する人たちに、「自分たちが絶対に正義である」といった姿勢や匂いを感じ取ったようだ。実際、シンポジウムで隣の席にいた男性から「(この会合に)議員として出席しているのなら、ダム建設に反対しなさい」と、上から目線で強く促されたという。

「ダムに反対する人たちの発する言葉が強すぎて、かえって地元の住民は敬遠してしまう」とも、冷静に語った。行政に異を唱える人たちが陥りやすい独善的な振る舞いへの違和感を抱いたようだ。それどころか、難しい専門用語を駆使して滔々と語る彼らに、嫌悪感に近いものさえ感じてしまったようだ。

赤倉温泉のある住民は、町内会の会合でのこんな出来事を語っていた。

ダムに反対する住民が会合の趣旨に関係なく、ダムの話を一方的に話し出したという。声高に、しかも、延々と。話し始めると、思いが募って止まらなくなってしまうのだろう。真面目にダム問題を考えていることの表れでもあるし、真剣に地域のことを考えているからでもある。しかし、場違いであり、相手の状況を斟酌しない身勝手な振る舞いに受け取られてしまった。とうとう「いい加減にしろ！」との怒号があがり、会場は寒々としたムードになった。

それ以来、ダムへの反対論をぶち上げる人を遠ざける住民が増えていったという。募る思いが空回りし、かえって周囲から浮き上がってしまったのである。ダム反対の運動は賛同者を広げるどころか、狭めていった。自分たちが絶対正義だと思っている「賢い人たち」にありがちな、「愚かな」行為である。

小林さんは、視察で穴あきダムならば清流への影響は出ないとの印象を持ったことなどから、「安全の担保としてダムは必要だ」と、自分なりに結論を下す。そして、流域振興策として県から提示された稚鮎センターと鮭の孵化場の整備も有望な材料だと思い、ダムに賛成することにしたと胸の内を明かした。

そんな小林さんだが、ダムに反対する住民との付き合いは以前と変わらない。同僚議員からは「なんでダム反対派と会っているんだ」と、怪訝そうに言われたこともあったというが……。こうした姿勢が影響したかどうかは不明だが、前述したように二〇一五年七月の町議選で落選し、現在は「前町議」である。

またしても洪水発生

最上小国川ダムの本体工事が行われていた二〇一五年九月、東北地方や関東地方をゲリラ豪雨が襲い、最上小国川が氾濫した。台風が低気圧に変わり、最上地域に記録的な大雨を降らせたのである。一〇日午前からの二四時間降水量は、九月の観測史上最大となった。

洪水に見舞われたのは主に赤倉温泉街である。幸い人的被害はなかったものの、床上浸水一九戸、床下浸水二二戸（ともに非住家を含む）の被害となった。最上町は赤倉地区に避難指示を発令し、温泉街の住民や宿泊客など七六人が避難所となった「お湯トピアもがみ」に避難した。洪水被害は道路（一七カ所）や河川（二一カ所）、田畑（三六カ所）、農業施設（四七カ所）に及び、推定被害総額は一億三〇〇〇万円を超えた。被害は赤倉地区の下流部にも広がっていた。

山形県や最上町は災害後、改めてダムの必要性を強調。住民の間にも「やはりダムが必要だ」との声が上がった。「もっと早くダムができていれば、こんな思いをしなくてすんだのに」といった住民の声が掲載された。（『山形新聞』二〇一五年九月一二日）

「流域に住んでいる人でないと、水の怖さはわからないと思う」

こう語るのは、赤倉温泉町内会長の柴田真利《まさとし》さんだ。小国川漁協の赤倉支部長も務める柴田さんは、住民訴訟を行っているダム反対派への敵意を露わにした。

「常識的に考えたら、流域の人たちの安全を何とかすることが第一でしょう。それなのに、なんでああいう人たちはよその土地にまで来て、『自然、自然』と言って、ああいう運動をするのか」

赤倉温泉で旅館「湯の原」を経営する柴田さんは、洪水で肝を冷やした体験がある。一九八二年に台風による大雨で川があふれ、旅館の風呂場が流された。宿泊客や従業員、家族は水の中で孤立し、助けに来た消防団員に担がれて危うく難を逃れたのである。いまも水のあふれやすい低地が三カ所あり、毎年のように消防団員が土嚢積みや排水作業に出動する事態が起きているという。柴田さんは最上小国川ダム建設に至るまでの経緯をこう語った。

「一九八二年の洪水後、町内会として洪水対策に関する住民アンケートを実施しました。結果は、ダムによる治水を九七%の人が求めるというものでした。赤倉温泉街の真ん中を川が流れていて、河床を掘ることも、川幅を広げることも、堤防をかさ上げすることも、できないとされていたからです。県のほうでもダム以外の治水案を検討したが、いずれもコストと時間がかかるため、ダムによる治水を選択せざるを得なかった。

ところが、漁協がダムに反対しました。とくに前の組合長が強く反対した。組合長は県の〈最上小国川流域〉環境保全協議会のメンバーでしたが、その会議にも出席しなくなった。漁協内部の賛否はだいたい半々でしたが、組合長が独裁的な運営を行い、支部長などをダム反対派で押さえてしまった。そんなこともあって、（われわれ）ダム賛成派は総代会などに出席しなくなりました（沼澤組合長時代の二〇〇六年に漁協内で『ダムによらない治水』を賛成多数で決議したが、その後は賛否を投票で問うたことはない。ある関係者の話によると、賛否を改めて投票で問うと漁協が分裂する恐れがあるとみられていたという）。

その後、県が自然に影響のない穴あきダムを提案し、組合長も自然に影響がないのなら良いだろうと、受け入れたと思ったが、それを翻して反対し続けたのです。ダム反対の漁協役員が『水が上がるようなところに住んでいる赤倉の住民が悪い』と、公の場で発言したこともあり、あれは忘れることができない。

漁協の一部の人しか知らなかったが、そのころ、漁協は財政的に火の車になっていました。組合長が亡くなった後、流れは変わりました。民主的な方法で組合長や役員を決め、おととし（二〇一五年）の支部総会で私が立候補し、一票差で（ダム反対派の渡部陽一郎氏を破って）赤倉地区の支部長になりました。

住民訴訟を起こしてダムに反対している人は赤倉地区以外の人たちで、思想的なものが大きいと思います。自然保護思想です。それにもともと労働組合運動をやっていた人が中心です。赤倉の人の中に自然を壊そうと思っている人なんていません。皆、自然とともに暮らしてきました」

反対派への誤解

まるで溜まっていたうっぷんを晴らすかのように、柴田さんは言葉を続けた。しかし、話の中にいくつか誤解や曲解があるように思えてならなかった。とくに、ダムに反対する人たちの主張についてだ。

ダムに反対する人たちは、ダムによる治水では流域の安全が担保できないとみているからこそ、反対しているのであって、流域住民の安全よりも清流が大事だと主張しているわけでは毛頭ない。彼らは流域住民の安全と自然保護は二者択一ではなく、両立できると考えており、その実現方法も具体的に提示している。そして、ダムでは赤倉地区で頻発する内水被害を防ぐことはできないので、抜本的な治水対策とはほど遠いと訴えているのである。

そうしたダム反対派の主張を意図的に捻じ曲げ、曲解した情報を地域に流布してきた人たちがいるように思えてならない。つまり、「彼らは流域住民のことよりも自然環境の保全を重視している」という悪質なデマである。

こうした虚報を流す人たちは同時に、「ダムによる治水対策しかありえないので、環境への少々の悪影響はやむをえないのでは」という虚構を必ず、こっそりと添付する。そのわかりやすい主張に多くの住民がうなずき、ダムによる治水を受け入れるしかないと考えるように誘導されたのではないか。「ダムやむなし」と思い込まされてしまったのだ。

一方で、ダムに反対してきた人たちに流域住民の誤解を生じさせる面があったのも否定できない。たとえば、「最上小国川の清流を守る会」という会の名称である。本来、守るべきものは流域住民の生命と生活、そして流域の自然であろう。その意味で、会の名称に大事なものが欠落している。さらに、本来、行うべきものは守る運動ではなく、流域の住民生活と自然をより良いものにするための建設的な活動ではないだろうか。

そうした視点を欠いた運動は得てして、地元の住民から遊離してしまいがちだ。やや酷な言い方になるが、「清流を守ることを優先し、流域住民のことは二の次にしている」との悪意に満ちた曲解や誤解、誹謗を呼び込む隙を与える。さらには、そうした曲解・誤解・誹謗を流域住民に浸透させてしまう要因を自らがかかえていたのではないだろうか。

官公労ＯＢ中心の反対派

ダム反対運動の中心メンバーが労働組合出身者であることは事実だった。それも、かつての官公労のＯＢたちである。労働組合出身者以外にも地域内でダム反対をはっきり主張する人たちはいるが、その多くは定年退職した元公務員。ダム推進派は行政や建設、土木、観光業などに関わる現役世代が中心で、反対派は元教員など公務員ＯＢが主力となっている。しかも、地元以外に住む人たちが中心である。老後の生活も安定した恵まれた人たちが反対運動に力を入れ、厳しい生活を強いられている一般の住民は彼らの活動を遠くから眺めている――。

ざっくり言うと、こうした構図のもとで、ダム反対運動は地域内での広がりを持ちえず、時間の経過とともに影響力を失っていった。沼澤組合長が亡くなったことが大きな分岐点となったのは、言うまでもない。

ダム建設を推進してきた赤倉温泉町内会長の柴田さんは、最後にこんな本音を漏らした。

「当初は町と一緒になって多目的ダムの建設を要望していた。ダムの周辺整備による活性化を期待したからだ。しかし、時間がかかるうちに周辺整備もできなくなってしまった」

巨大な多目的ダム構想がつぶれて小さな治水ダムに代わり、観光事業など期待していたダム建設に伴う諸々のメリットも縮小してしまったと、肩を落とすのだった。

ダムは赤倉温泉を活性化できない

赤倉温泉がかかえる課題は、治水対策だけではない。喫緊の課題が他にもある。集客力が著しく低下し、人気のない寂れた温泉地となっている点だ。

赤倉温泉の観光客の入込数は一九九〇年代に二〇万人を超えていたが、いまは見る影もない。二〇〇一年に一〇万七五〇〇人にまで減少し、その後も右肩下がりが止まらない。二〇一四年には四万三四四人にまで激減した。

川の氾濫や内水被害などの頻発により、「赤倉温泉は危ない」という負のイメージがついてしまったことも不人気の要因の一つだが、もともとまちづくりの計画性に乏しい温泉地で、時

赤倉温泉一の老舗旅館は廃業し、無人の状態が続く

代の変化に対応しようという発想が不足していたことも大きい。かつてのように飲んで歌って大騒ぎできる竜宮城のような温泉旅館を求める人は、いまや圧倒的な少数派である。そうした顧客ニーズの変化に、的確に対応しているとは思えない。

また、ダム問題の影響もあって温泉街としてのまとまりに欠けていた。一般的に温泉地というのは、足並みがそろいにくい特性を持つ。旅館同士が湯と客を取り合うかたちになるからだ。赤倉温泉はそこにダム問題も加わり、力を合わせて地域を再生しようとの機運が高まりにくい状況が続いていた。しかも、質の異なる源泉がたくさんあり、いまだに湯の集中管理がなされていない。

そのうえ、温泉街の一等地にある老舗旅館が廃業したまま買い手が現れず、巨大な建物が放置されている。源泉が自噴し、河川改修の最大のネックとなっていた阿部旅館である。右岸にあった赤倉ホテルも倒産し、温泉付きのマンスリーマンションとして再出発したが、それも二〇一七年三月末で閉鎖。他の温泉施設も老朽化が目立っている。河原にせり出して建てられた旅館をそのままにしての温泉街再生は、どうにも考えにくい。

上流に穴あきダムができても、赤倉温泉街がかかえるこれらの課題の解決には結びつかないと思われる。河床が高い状態では、ダムができても洪水の危険性を完全に払拭することにはならないし、不自然な街並みをそのまま存続させることにもつながるからだ。むしろ、「河道改修を赤倉温泉再生の機会とすべし」とダムによらない治水を訴えている人たちの主張に、より説得力があるように思えてならない。

ここで改めて彼らの主張を紹介したい。「守る会」は二〇一七年一〇月にブックレット『ダムによらない治水は可能だ――天然アユの宝庫・最上小国川を守れ』(最上小国川の清流を守る会編、花伝社)を出版した。その中で彼らは、赤倉温泉の水害の多くが内水氾濫によるものであることを明らかにしたうえで、「河道改修による治水対策は赤倉温泉を救う」と訴えている。こんな内容である(図3も参照)。

赤倉温泉の右岸側では、河川水位が六〇センチを超えると排水路から逆流が始まり、これを防ぐために排水樋門が閉じられる。そのため、河川水位が一・五メートルを超えると、「内水」が溜まりだす。「内水被害」を防ぐためには、洪水時の水位が周辺地盤より低くなるよう、川

図3　「守る会」が描く最上小国川の将来図

（出典）「守る会」作成パンフレット。

底を低くする方法がもっとも確実だ。洪水時に、ダムによって多少水位を低下させても、効果はごく限定的にすぎない。よって、赤倉温泉地内の「内水被害対策」は、河床掘削による河道改修がもっとも現実的で抜本的なものとなる。

彼らは、源泉の湧出に影響しない「河道改修による治水対策」は十分可能とし、具体的な方策を示している。まず、堰を撤去し、川の流れをよくすること。そして、河床を一・五メートル掘削して深くする。最上小国川は河床が急傾斜であるため、深くすることによる治水効果は大きいという。同時に、老朽化した橋の架け替えや護岸改修も実施する。赤倉温泉地内の護岸は災害のたびに応急的に改築してきたもので、統一性に欠けて、美観を損ねている。そのうえ、老朽化も進んでいる。新たな護岸が必要となる箇所の温泉旅館は移築し、岩風呂のための水路も新設する。

彼らは、こうした環境と景観に配慮した河道改修を進めることが、清流を生かしたまちづくりのきっかけになるのではないかと訴えている。つまり、「河道改修による治水対策」が「水害防止」と「地域再生」の一挙両得につながると考えているのである。

後手に回った内水対策

二〇一五年九月の洪水後、最上町と舟形町は山形県知事あてに「河川整備の早急な実施」や「河川の維持管理の徹底」などを求める要望書を提出した。このため、県はそうした要望に沿った対策工事を実施している。

だが、ある疑問が沸いてこないか。河川改修などによる治水対策にいち早く取り組んでいれば、これまで頻発した赤倉温泉の洪水も防げたのではないかという素朴な疑問である。

実は、県は二〇一二年度に赤倉温泉の右岸地区についてのみ、当面の内水対策計画をつくっていた。だが、それは一〇年に一回の洪水に対応するもので、排水路や排水樋管(暗渠)などを整備し、排水ポンプを設置するという内容だ。本格的な内水対策とは言い難かった。しかも、左岸地区は対象外で、現在、対策を検討中という。右岸の対策も、一部だけの実施にとどまっていた。そして二〇一五年の洪水被害である。

こうは思わないだろうか。「もっと早くから内水対策などの河川改修をしっかり行っていれば、(住民は)こんな思いをしなくてすんだのではないだろうか」と。

しかし、そうした指摘をする住民(少数のダム反対派を除く)もメディアもない。そして現在、ダム建設と赤倉温泉地区などの河川改修が同時に進行している。

第9章 土着権力とダム

最上の地域資源である清流。簗にかかったのは鮎なのか

宮城県に移行しつつある最上町の経済圏

最上町の人口は八八六一人(二〇一七年一〇月末時点)で、世帯数は二八九七。一世帯あたりの人口は三・〇六人である。面積は約三三〇㎢で、舟形町の約三倍。その八割が林野だ。やはり積雪の多い地域で、二〇一四年度(以下同)の最深積雪は一六二センチである。年間平均気温は九・九度と低く、最低気温はマイナス一二・二度。寒冷の地と言える。

そんな最上町の基幹産業は農業と観光、それに林業だ。町内総生産額(二〇一三年)は約二一二億三六〇〇万円で、町民一人あたり所得は約一九九万一〇〇〇円となっている。山形県の平均値の七割台にすぎず、舟形町と同様、民間活力に乏しい。

最上町と舟形町は似たような境遇にある過疎の小規模自治体であるが、相違点もいくつかあった。そのひとつは、最上町では住民の生活圏や地域の経済圏が山形県から宮城県に移行しつつあるという点だ。奥羽山脈を越えて、宮城県の大崎市(旧古川市など)や仙台市などに働きに出たり、買い物などに足を運ぶ住民が増えている。山々から集められた水のように住民の動きも、この地が分水嶺のようになっていた。それは距離の遠い近いだけではなく、山形県と宮城県の経済力の格差によって生まれた現象でもある。

わかりやすい事例としてあげられるのが、最低賃金だ。山形県の最低賃金(二〇一七年一〇月)は時給七三九円であるのに対し、宮城県は七七二円で、三三円も高い。このため、県境の最上町では賃金の高い宮城県内に雇用の場を求める住民が増えている。最上町の特産品は、きのこ、グリーンアスパラ、地酒、ハムなどだ。これらを宮城県内のスーパーやデパートに運んで販売する人も生まれている。前町議の小林保さんもそのひとりで、仙台などで最上町の産品を直売する事業を手掛けている。

「最上の人たちは朝五時ごろ家を出て、仙台や石巻、遠いところでは山元町や亘理《わたり》町まで働きに行っていています。奥さんたちは朝四時ぐらいに起きて、お弁当作りです。なかには、前の夜に用意する人もいます。ここらの道路は朝五時ぐらいから混雑となります」

赤倉温泉に住む女性はこんな話をしてくれた。震災復興工事もあり、最上町から宮城県内まで働きに出ることが、ごく普通となっている。彼らは車を一時間半から二時間ほど走らせて、工事現場に通うという。昔のような住み込みの出稼ぎではなく、自宅からの遠距離通勤である。それでも、宮城県内は雪が少なく、仕事は豊富、そのうえ賃金が高いとあって、そう苦にならないという。仕事先のほうでも、山形の人たちがよく働くので歓迎しているそうだ。

こうしたことから最上町民の関心や意識は宮城方面に向き、新庄市や山形県への関心は年々希薄になっているという。町や住民の顔は、西ではなく、東に向いているのである。しかも、この傾向は強まる一方で、最上地域八市町村の一員との意識も希薄になりつつある。

町政の歴史も、最上町と舟形町は実に対照的だ。激しい政争を繰り返し、その後は水面下の調整で町長ポストをバトンタッチしてきた舟形町に対し、最上町は長期安定政権が町の伝統となっていた。

一九五四年の町制発足後、トップに就任したのはこれまでにわずか四人。政権交代を繰り返してきた舟形町とは大違いである。一人目と二人目の町長がそれぞれ二期八年を務め、三人目の中村仁・町長は八期三二年の長期政権となった。しかも、中村氏は五回が無投票当選だ。地域の実力者として君臨したのである。現在の高橋重美・町長も四期目。直近二回は連続して無投票当選し、やはり長期安定政権だ。ちなみに最上町議会は定数一二で、現議員は全員男性である。

地元に根差した有力企業

最上町と舟形町の明確な違いがもうひとつある。最上町内の事業所数は四七二カ所で、従業員数は三二七二人にのぼる(二〇一四年経済センサス基礎調査、農林漁業を除く)。ちなみに町役場の職員数は一八五人(二〇一六年四月時点)。町役場が地域で一番大きな事業所なのは二町とも同じだが、町内にこれといった大きな民間企業がない舟形町に対し、最上町には地域の大黒柱とも呼ぶべき民間企業グループが存在する。それも、町外からの進出ではなく、地元企業である。

株式会社「大場組」。事業規模の大きさや手掛ける業種の幅広さ、そして従業員数で、他を大きく圧倒している。一九七一年創業の土木建築会社で、従業員数は八七人。建設業を皮切りに、産業廃棄物処理業や砕石処理販売業、損害保険代理業、不動産業、人材派遣業、鮮魚養殖業、さらには農業分野や老人福祉などにも進出している。関連会社は一〇を数え、そのほかに三七社の協力会社を持つ。グループ全体の従業員数は三五〇人にのぼり、町内の事業所で働く人たちの一割以上を占める。

大場組の社是は「明日の郷土を拓く」。社の目標のひとつに掲げられているのが、「工事における受注金額が年間二〇億円以上」だ。

「私の親父は出稼ぎ先の北海道で亡くなりました。病死でした。私が中学二年のときです」

大場組の創業者である大場利秋社長(一九四九年生まれ)はこう語り出した。柔和な顔つきで、しかも穏やかな語り口。まるで学者のような雰囲気を醸し出ている。この大場社長、いわば立志伝中の人物であった。

土木業から総合企業への歩み

父親を出稼ぎ先で失った大場さんは、厳しい少年時代を送った。牛乳配達や豆腐売りなどをして、苦しい家計を助けたのである。そんな辛い日々を送りながら、大場少年は「町から出稼ぎをなくしたい」と子ども心に強く思ったという。

地元の中学校を卒業した大場少年は進学せず、静岡や首都圏の土木会社でひたすら汗を流して働いた。そうした生活を六年ほど送り、二一歳のときに帰郷して大場組を立ち上げる。中学時代の同級生らが仲間に加わり、事業は順調だった。七年あまりが経過した一九七八年に個人事業から法人会社に変更し、株式会社大場組を設立。総合建設業として拡大させていった。

大場さんが土木建築業の次に乗り出したのは、教育分野である。地域の将来を担う人材の育成が何よりも重要だとの持論に基づくもので、一九八八年に「叡和塾」という学習塾を開設した。学習塾の経営は地域の少子化にともない厳しくなっていくが、地域貢献のひとつと位置付け、赤字の山を重ねながらも続けた。

大場組の本業はバブル期にピークを迎えたという。公共事業があふれんばかりに行われ、仕事量が急激に増大。従業員数が二〇〇人を超えた時期もあったという。しかし、その後、公共事業関連の仕事はみるみる減少し、いまや最盛期の半分ほど。それでも、大場さんは従業員の雇用を守ることを最優先とし、リストラは一切しなかったという。

新たな策として選択したのが、経営の多角化だった。建設関連以外の新規事業に果敢に取り組むことに力を注いだのである。二〇〇二年に社会福祉法人「千宏会」を設立し、理事長に就任。介護老人保健施設を山形県村山市と宮城県大崎市に相次いで開所し、最上町内にはデイサービスや居宅支援、宿泊サービスなどを行う「健康福祉プラザもがみ」をオープンさせた。この施設はもともと国民年金機構の保養所で、大場組グループが払い下げを受けて衣替えしたのである。また、千宏会は二〇一五年に新たな地域密着型の特別養護老人ホームを村山市内に開所した。

大場さんは農業分野にも意欲的だった。二〇〇八年に「農業生産法人もがみグリーンファーム株式会社」を設立。地域内に増え続ける休耕田などを借りて、米、そば、里芋、中玉トマトなどの生産に乗り出した。そして、町内の他の生産者と提携し、最上町産地直売協議会「四季の香」を結成、会員数は六五人にのぼる。「四季の香」のメンバーは、ワーコム農法（微生物を活用した堆肥で土づくりする農法）という環境保全型農業を実践している。

最上小国川の近くで生まれ育った大場さんは、「子どものころ、川や田んぼで魚やドジョウをそれこそ山ほど獲った」と懐かしそうに語っていた。もちろん、いまも小国川漁協の一組合員である。二〇〇三年に最上小国川の瀬見渓谷に、食事を提供し、土産物や産直品を販売する店をオープンさせた。川の駅「ヤナ茶屋もがみ」である。この川の駅で販売される産直品は、四季の香のメンバーが納品する。

地域の隅々に根を張った地元ゼネコン

大場組は単に地域随一の建設会社というだけではない。グループ会社や法人が、最上町の福祉や農業、商業などにも深く関わっている。いまでは、町民の誰もが大場組グループと何らかの関わりを持っていると言っても過言ではないほどだ。それは町長も例外ではない。高橋町長の子息は一時期、大場組グループの社会福祉法人で働いていた。また、大場組の元社員という町議もいる。一方で、こうした状況を冷ややかに見ている住民も少なくない。「最上町は、実質的には大場町長と高橋副町長だ」と、揶揄する人さえいた。

前述のように最上小国川ダムの本体工事の入札は二〇一五年二月に実施され、大手ゼネコンの前田建設工業と中堅ゼネコンの飛島建設、それに大場組の三社による共同企業体が落札した。ダムに反対してきた人たちは「予想したとおりの結果」だとし、漁協がダム容認に方針転換した背景に大場組の存在があると、口々に指摘する。

「大場組に気兼ねして、ダム反対を言い出せなかった人がたくさんいた」

「大場組がダムに賛成するように圧力をかけた」

果たして、実際のところはどうだったのだろうか。大場社長に直接、尋ねてみた。

「私が動いたことはありません。誰が漁協の総代になっているかもわからないし、私が動いたからといって組合員が(自分の意思を)変えるものでもない。(ダム着工までに)二七年もかかりましたが、(ダム建設は)みんなの総意です。いまの組合長も前の組合長の遺志を継いでやっていて、(方針が)一八〇度変わったというものではありません。いまのやり方(穴あきダム)なら、環境への影響はないと思います。工事も環境に配慮して進めています」

穏やかな口調で語ったが、ダムについては触れたくないとの本心が苦々しい表情にありありと表れていた。社業とダムを結び付けたさまざまな揣摩憶測が流されていることを不快に思っているようだ。

圧力よりも忖度と諦め

ダムに反対してきた人たちが語るような事実が本当にあったかどうか、確認はできない。しかし、大場組グループの社員の中に漁協役員や総代、組合員が何人もいるのは間違いなかった。取引関係にある会社の関係者も入れれば、相当数にのぼる。

たとえば、前出の総代Cさんの支部長も社員だ。ダム建設の是非を決める臨時総代会前に、組合に質問状をファックスしたCさんを怒鳴りつけた人物である（一二一ページ参照）。また、ある支部では二二人いる総代のうちなんと七人が、大場組の関係者だった。もっとも、狭い地域でたくさんの人を雇っているので、当たり前の現象とも言える。

いずれにせよ、町外に住むダム反対派がチラシやビラ、資料を携えてダムによらない治水の説明に回っても、じっくり耳を傾けようという人が少なかった要因のひとつであることは確かだ。大場社長はゆっくりとした口調で、こう言葉を続けた。

「（ダムに反対して）訴訟している人は、地元の人ではないですね。彼らは大雨や洪水になっても危険にさらされるわけではないが、私たちは危険にさらされます。この間の大雨（二〇一五年九月）を見たら、（ダム反対の）訴訟を起こそうなんて思わなかったと思います。赤倉温泉のところは河川をいじくると湯が出なくなり、いじくれない。仮に反対派の人たちが言うようなやり方が可能であっても、赤倉の下流でも被害が起きていますので、不十分です。住民の安心・

安全のために何とかしないと、大変なことになると思います。この間の大雨もダムがあったら、ああいうことにはならなかったと思います」

では、一貫してダム建設を主張してきた最上町の高橋町長は現状をどう捉えているのだろうか。町長室で話を聞いた。

「安心・安全の担保としてダムが必要です。最近はゲリラ豪雨など自然災害がいままでと違っていますので(気候変動の影響で局地的な豪雨が発生しやすくなっている)、理解していただけていると思っています。県も丁寧に進めてくれました。ダムと下流域の整備はセットになっています。内水対策として排水ポンプを常設にしてもらいました。県とは協定だけではなく、覚書を締結しました。これは画期的なことだと思っています。漁協ともいままで以上に関わりを大事にしていまして、高橋組合長はリーダーシップを発揮していると思います。

亡くなった沼澤組合長も県との一回目の会議(二〇一四年一月二八日)で、振り上げていた反対の拳が少し下がっていました。私は(沼沢組合長が)着地点を探っているような前向きの対応を感じていました。ですので、ああなった(自死した)のは本当に残念です。政治的な悩みや、いろんなことがあったのでしょう」

こう早口で話す高橋町長に、漁協組合員への働きかけをしたかどうか尋ねると、表情を変えずに、こう語った。

「私は一貫してダム建設を推進してきました。強制はできませんが、私の思いは伝わっていたと思います」

漁協の臨時総代会でダム容認が三分の二を超えたのは、誰かから露骨な圧力を受けてというよりも、地域の大きな勢力の顔色をうかがい、その意向をあれこれ忖度したり、大きな流れの変化を感じて「もう仕方がない」と諦めてというのが、実態ではないか。既成事実を受け入れるしかないと考えたのであろう。地域における最強・最大の権力者とは、改めて言うまでもないが、県庁組織である。亡くなった沼澤前組合長もおそらく、そう判断しながらも、自らが屈服することを潔しとはせず、命を絶ってしまったのではないだろうか。

現組合長を直撃取材

「組合長をやりたくはなかった。やる気もなかった」

こんな本音を打ち明けたのは、沼澤前組合長の死後、理事会での選挙で青木理事を破って組合長に就任した高橋光明さんだ。ダムによらない治水を明確に掲げていた青木理事に対し、高橋組合長はダム容認派に担がれているとみられていた。六対四という僅差でトップの座を手にした高橋さんは、大混乱の漁協の舵取りを担うことになった。そして、小国川漁協は方針を転換し、ダムによる治水を容認したのである。

高橋組合長に取材を申し込むと、漁協事務所でのインタビューになった。舟形町役場近くのビル二階に事務所を構えていた漁協は、新体制になってから、事務所を稚鮎センターの敷地内に移転。そこに二〇一六年一〇月にサケの孵化場も新設され、漁協の三施設が集約されていた。

二〇一七年二月二二日に漁協事務所を訪ねると、高橋組合長が部屋の中で一人、横になっていた。みるからに体調が悪そうだった。尋ねてみると、尿毒症を患い、四日間、入院していたという。前の週に退院したばかりで、体調はまだ十分ではないという。

そんなやりとりの後、高橋組合長はこちらの質問を待たずに、独り言のように語り始めた。その内容は、自分が組合長になった経緯と沼澤前組合長への想いだった。

高橋さんは、沼澤さんに子どものころから可愛がられたという。自宅が郵便配達をしていた沼澤さんの担当エリアで、高橋さんの父親が沼澤さんと親しかったからだ。いつからか、沼澤さんのことを「兄貴」と呼んでいた。後年、漁協の理事になった高橋さんは、沼澤さんにダムの問題について「みんなの意見を聞いたほうがいい。そして、ちゃんと賛否をとって、正々堂々とやったほうがいい。俺もダムには反対だ」と何度も伝えていたという。

だが、高橋さんの話によると、沼澤さんは頑固で、自分の考えに固執するタイプだった。弟分の助言も聞き入れられなかったのである。高橋さんは視線を下に落としたまま、話を続けた。

弟分が明かした自死直前の様子

漁業権の更新の経緯はわからないが、更新されたときの喜んだ顔はよく覚えている。その後、県との協議が始まり、（二〇一四年一月の）一回目のとき、沼澤さんが漁協の文書を読めなくなっていた。精神的に追い詰められてしまっていたんだ。それで事務員が代読することになったが、そのときに俺は「危ない」と思った。ちょっとおかしいと。それで沼澤さんに電話を入れたところ、「会いたい」と言われて、ここ（稚鮎センター）に呼び出されたんだ。斉藤さん（副組合長）もやって来て、三人で話した（二〇一四年二月）。

そのとき、沼澤さんはうつむいた状態で、俺に「あとを頼む」と言ってきた。それで、俺は「兄貴、わかった。体を治してくれ！　養生してくれ！」と言って、別れたんだ。でも、心配になって翌日、沼澤さんの自宅に行ってみた。「大丈夫か？　あとは俺に任せろ。それより医者に行ったほうがいい。俺も一緒に行こうか」と言うと、沼澤さんは一人で行くといって、舟形の診療所に向かった。

医者に診てもらったら、悪いところはなかったと喜んでいて、「もうちょっと組合長やっていいか？」と言ってきた。辞めるときを少し先にしたいということだった。それで、俺は「わかった。兄貴が思うようにして」と答えた。元気になってよかったと思ったけど、まだ心配だった。

それで、また自宅に行って見たら、そのときは追い込まれた感じになっていた。うなだれていて、ゆっくりした口調で「たかはし、頼むからなー」と言うんだ。そして、「ダムはもう造られるな」とつぶやくんだ。俺が「よし、あとは俺に任せてくれ」と言うと、「じゃ、お前はどうするんだ」と質問してきたので、「俺の（相撲の）得意技を知っているだろ。左の前みつを取って、右から押していく。これが俺の相撲なんで、これでいく。兄貴、変なことは絶対するな！　頼むよ！」（高橋組合長は元大相撲の関取で、四股名は「栃櫻」。最高位は十両四枚目ながら、破天荒な力士として知られ、山形の英雄だった）。

こんな話をしていたら、兄貴が「俺は小国川漁協に迷惑かけたんじゃないか」と、うなだれて言うのだ。それで、俺は「そんなことは絶対にない。兄貴がいたから、ダム反対でついてきたんだ」と言った。

いまになって思うのは、なんで早くみんなの意見を聞かなかったのかということだ。（ダムへの）意見を聞いて、それで判断したらよかったと思う。拮抗していたと思うが、ダム賛成が三分の二は取れなかったと思う。川は何千年前からみんなのものだった。ヒトだけではなくて、魚や動物などすべてのものだ。みんなで決めれば良いと思っている。

たしか、その翌日だ。心配になって斉藤さんを呼び出して話をした。「（沼澤組合長が）危ないのでよく見ていてくれ」と伝えたんだ。その翌日の朝六時に斉藤さんから電話が入り、「亡くなった」と聞かされた。

高橋組合長はこうした生々しい話をしながら、何度も「（沼澤さんは）いい人だった」という言葉をしきりに繰り返した。そして、「いま話した内容は沼澤さんと二人だけの会話で、録音などもしていない」と語り、口外することを控えていたという。取材者に話したのは二人目だと言っていた。理事会での組合長選挙に名乗りを上げたのは、沼澤前組合長の遺志を継ぐためで、ダムによらない治水を主張する青木理事に対抗するために担がれたわけではないという。みるからに体調が思わしくない高橋組合長は、それでも、話を続けた。事務所内は二人だけで、インタビュー中の録音もなし。もっとも、それは録音を拒否されたのではない。こちらに、取材中に録音するという習慣がまったくないからだった。

断腸の思いでダム容認に

組合長になったとき、漁協はもう成り立たないような状況になっていた。（稚鮎センターの）井戸はダメ、機械も電気もダメ、サケの孵化場も限界にきていた。もろもろ考え、「断腸の思いでやむなし」と思うようになった。みんなの意見を聞きたいとも思った。状況を説明し、みんなの言うこともわかるが、心を鬼にして漁協を立て直したいと伝えた。ダムに賛成すれば、いろんなものがついてくる。漁協が立ち直っていける。だから、ダム反対から賛成に転換したのではない。「断腸の思いでやむなし」なんだ。それに、三分の二以上（の総代が）が賛同したんだ。

高橋組合長はこんなことも言っていた。穴あきダムでも川に影響は出る。護岸の復旧工事でも影響は出る。何か工作物を造ったら、川に何らかの影響は出る。ただ、それによって赤倉温泉などの下流の人の生命財産が守られるならばよい。一昨年（二〇一五年）の豪雨で水害が出たが、あのときにもしも一軒でも家が流されていたら、「漁協はどう責任とるのか」と言われたかもしれない。

ダム容認に方針転換する際に県の関与がなかったかを問うと、高橋組合長はそれらを否定したうえで、こう答えた。

「県が入る余地はない。県があれこれ漁協に言ったら、大混乱しただろう」

さらに、大場組から働きかけがなかったかを問うた。

「大場さんとは二五歳のときからの友人で、一緒に仕事をしてきたから、どうしても変に見られてしまう。それは仕方ないが、おかしなことは一切ない」

そして、「漁協の立て直しはまだまだだが、(沼澤前組合長に)こうなったというのを見せたかった」と、しんみり語った。

こうした話に耳を傾けていると、漁協の伊藤重成・理事が事務所にやってきて、対話の中に加わった。伊藤理事は地元選出の県会議員で、建設会社のオーナー一族でもある。伊藤理事は「ダムを容認して取引したように言われるが、漁協をどうやって維持していくかは大事な使命です」と、しきりに語った。

高橋組合長へのインタビューは一時間半以上に及んだ。その率直な語りに嘘偽りはないと感じたが、一点だけ明らかに事実誤認、誤解していることがある。それは、取材場所となった稚鮎センターなどの更新拡充事業についてだった。前述したように、国の補助金五〇%、県と町がそれぞれ二五％という負担割合で実施されたが、本来は町の事業である。ところが、高橋組合長は、町が県にあげ、県が国に申請しないと国から補助金が交付されない事業のように語っていた。つまり、県の支援がないと町単独ではできない事業と思い込んでいたようなのだ。

小国川漁協は二〇一五年六月、新たな役員体制を発足させた。理事一一人のうち、沼澤前組合長時代からの続投はわずかに四人。高橋組合長、新たに副組合長に就任した信夫榮氏、それに県会議員の伊藤重成氏、青木公氏だけだった。他の七人はいずれも新人で、理事会メンバーはガラリと一新されたのである。一一人の理事の職歴の内訳（重複あり）をみると、建設土木関係が四人、県議や町議が三人、県や町の職員ＯＢが二人であった。

第10章 ごまかしと穴だらけの地方創生

「ダムで活性化」はもの言わぬかぎり夢物語

山形県は一貫してダムによる治水対策を主張し、さまざまな障害を乗り越えて最上小国川ダムの本体工事着工に漕ぎつけた。工事は着々と進み、二〇一七年六月一三日に定礎式（建設工事の開始を記念し、安泰を祈って行われる儀式）が実施されるなど、「悲願」の達成間近となっている。完成予定は二〇一八年度末だ。

図４　山形県が作成したチラシの抜粋

（提案）

平成 26 年 4 月 29 日
山　形　県

流水型ダムがアユ等の生息環境に影響が小さいとしても、これまでの「ダムのない川」以上の清流・最上小国川を目指し総合的な取組みを進める。

山形県の七つの嘘、ごまかし

県はダム建設の一方で、穴あきダムにしたことで「アユ等の生息環境に影響が小さいとしても、これまでの『ダムのない川』以上の清流・最上小国川を目指し総合的な取組みを進める」（図４）と、二〇一四年四月に行った漁協との協議の場で意味不明の内容を表明した。

しかし、ダム建設に邁進した山形県の一連の取り組みの中に、多くの嘘やごまかし、でたらめが紛れ込んでいると言わざるを得ない。問題の本質をごまかし、ずらし、捻じ曲げ、曲解させながら、強引に施策を推し進めてきたのである。それらはまるでダム湖に溜まる堆砂のように積み重なり、清流・最上小国川とその流域の未来を汚しつつある。最上小国川の川底深くに沈められた県の七つの嘘、ごまかし、でたらめを掘り起こしてみる。

第一は、温泉を確保するために川の中に堰を設けている点だ。もともとは、温泉旅館の経営者などが自分たちの経済活動のために無許可で設置した。県はそれを黙認し、さらには県の税金を使ってコンクリートの固定堰に造り替えている。川の中に設置されたこうした堰などが土砂を堆積させ、内水被害を引き起こす大きな要因となってきた。河川管理者が水害の発生要因を生み出していながら、そうした事実を一貫して否定し続けている。

そのうえ、県は洪水を引き起こす危険要因の存在を隠蔽し、逆に、河川をいじると源泉に影響が出るとの粗雑な主張を繰り返して、河川に触れることをタブー視した。これが第二のごまかしだ。

県はその主張の根拠として、金山荘事件を最大限に活用した。金山荘事件は、県側が一杯食わされたというのが真相のように思料されるが、むしろ、県は女性経営者の不確かな訴えを奇貨として活用する策に出たのではないか。「河川改修による治水対策は不可能」との県の主張を裏付ける、格好の具体的な事例となるからだ。女性経営者のつじつまの合わないおかしなクレームが、いつしか、「河川改修によらない治水」を譲らぬ県にとって「願ってもない訴え」に代わっていったのではないか。

さらに、そうした虚偽の主張を補強するために活用されたのが、専門家による「赤倉温泉影響調査」である。第三のごまかし、嘘がこれだ。おそらく、県は自分たちに都合の良い結論を識者に作文してもらい、漁協などが訴えていた河川改修論に止《とど》めを刺そうと考えたのであろう。行政がよく繰り出す、権威を利用して異論を封じ込める得意技である。通常ならば、県の思惑どおりに難なくことが運ぶのだが、痛恨の人選ミスが大きな痛手となって跳ね返ってきた。県の意向に従わず、科学的なデータに基づいて下した自らの結論を頑として譲らない川辺教授の存在である。

ダム検証時の事業費の試算値も、きわめて疑わしい。第四のごまかしである。二〇一一年の検証時に県は、ダム案の総事業費を約一三三億円(ダム本体は約七〇億円)と試算し、河道改修案の総事業費約一五八億円より安くすむとした。しかし、小さく産んで大きく育てるのが、日本の公共事業の通例だ。

とくに、ダム事業は実際の事業費が試算値を大きく上回るのが当たり前となっている。たとえば、国が事業主体の八ッ場ダム(群馬県)は当初の約二一一〇億円が、現時点で約五三二〇億円にまで膨らんでいる。最上小国川ダムも地盤の強化が必要であることが判明し、当初約七〇億円としていたダムの建設事業費を一四億円増額し、約八四億円とする計画変更が二〇一七年三月になされた。これにより、費用対効果は当初の一・一三から一・〇六に下がった。

第五のごまかしは、ダムによらない治水を訴える漁協へのさまざまな対応である。最大のものは、漁業権の更新とダム容認がワンセットであるかのように匂わせて、漁協組合長を追い詰めていった点だ。さらに、ダム容認と流域振興策、とくに稚鮎センターなどの改修整備をワンセットと思い込ませたのも、県の狡猾なごまかしと言える。稚鮎センターなどの改修整備は本来、舟形町が主体となって対応すべきもので、ダム事業とは切り離して取り組むのが筋である。逆に言うと、舟形町は県の補助金に釣られてダム容認に踏み切ったとも言える。

第六は、穴あきダムの構造的な問題についてだ。山形県は二〇一四年八月に小国川漁協と意見交換を行い、ダムの穴詰まり対策と濁り水対策について提案した。翌月に迫っていた臨時漁協総代会で「ダム建設承認」を取り付けるために、漁協の「穴あきダムの穴詰まり」への懸念を払拭する対策案を五つ提示したのである。しかし、それらの対策案は穴あきダムの構造的な欠陥を解決するものとは言えず、逆に穴詰まりを防ぐことの難しさを示していた。

たとえば、穴の上流側に鋼製スクリーンを設置し、流木などによる穴詰まりを防ぐ策である。ダムに造られた二つの穴(幅一・七メートル、高さ一・六メートル。その後、高さだけ四・二メートルに変更)の前に、幅四・七メートル、高さ一一メートルの網目の入ったスクリーンを設置することになっている。スクリーンの面積を穴の二〇倍にすることで、土砂や流木による穴詰まりを防ぐという考え方だ。スクリーン下部の網目は一メートル×一メートルとなっており、上流から流れ込む大きな石や流木の穴あきダムへの流入を防ぐものだ。

しかし、ダムサイト上流部には大量の流木がある。洪水時にそうした流木の多くがスクリーンを越えて、穴あきダムにまで到達してしまう恐れが強い。

また、穴あきダムの穴が塞がった場合の処理対策として、維持管理板(ゲート)を設置することになっている。この維持管理板は常に一・六メートルの高さに固定され、流木や土砂でダムの穴が詰まった場合、ダム堤体上にクレーンを搬入し、吊り上げたり吊り下げたりして、穴に詰まった流木などの除去作業を行う。だが、穴の中での除去作業が人力主体になることは変わらず、維持管理板の設置でどれほど処理がうまくいくか保証はない。

このほか、県は仮排水路を塞がずに流木撤去作業時に利用する策や、穴あきダムの上流にある砂防ダムを改良して流木止めとして活用するなどの策を講じることにしている。いずれにせよ、穴あきダムの穴が流木や土砂で詰まることなく、求められる機能を十全に果たせるかどうかの保証はない。要するに、穴あきダムは現時点ではお試しのダムでしかなく、その効用が明確に実証されているわけではないのである。

第七は、穴あきダムは赤倉温泉地区などでの内水被害への抜本的な解決策とはなりえない点だ。そして、流域振興を図るうえで最大の資源となる最上小国川の価値を高めるのではなく、毀損することになりかねない施策を県が地元に選択させたことも、大きな誤ちである。また、「環境保全」と「住民の生命財産」が二者択一であるかのように思いこませ、いずれかの選択を迫るようにことを進めてきた点も、妄挙としか言いようがない。もっとも、こうした地元住民をあざむき、だまし、ごまかす行政の行為は、山形県のみならず、全国各地のダム建設地でなされてきたことではあるが……。

国主導型公共事業と地域・住民主導型公共事業

税金とは、そもそも、地域や住民の社会的課題を解決し、暮らしやすさを高めるために、あらかじめみんなで出し合うお金である。課題解決と社会的価値の増大が、税金の果たすべき本来の役割だ。その税金の使い道と集め方を決定するのが政治であり、政治の主体は一人ひとりの住民のはず。なぜなら、日本が主権在民の国であるからだ。ところが実際には、地域や住民の社会的課題の解決に結びつかず、社会的価値の増大にもつながらない税金の使われ方が、日本社会に横溢している。とりわけ、公共事業の分野に顕著である。

地域住民がかかえる社会的課題を解決するために、税金でインフラや施設などの整備を行うのが、公共事業だ。公共事業の実態を「主体(決定権者)」と「目的」と「財源」という三つの視点で分析すると、二つに大別できる。ひとつは国(中央政府)・キャリア官僚主導型で、もうひとつは地域(地方政府)・住民主導型だ。

国主導型公共事業は、国の直轄事業や地方自治体が行う国の補助事業などである。国(中央政府)やキャリア官僚が事業に関する決定権を握っている。事業を実施するか否かだけではなく、事業内容や規模、財源についての決定権も含む。このタイプの公共事業は、目的が変質してしまっている傾向が強い。

国主導型公共事業は主たる目的が地域で税金を使うこと、つまり、地域にカネを落とすことになりがちで、事業の実施そのものが目的となっている場合が多い。経済的に疲弊している地域への富の分配という側面もあるが、配分先は特定住民に限定されており、一時的な効果をもたらすだけの弥縫策にすぎない。

こうした国主導型公共事業には、ほかにもさまざまな弊害が内在している。そもそも地域にカネを落とすことが主目的となっているため、事業の合理性や効率への意識は生まれにくい。それどころか、財源を国が手当してくれるので、目いっぱい使わないと損だとなりがちである。また、個々の実情を知らない国(キャリア官僚)が事業の規模や内容を画一的に設定するため、地域の実態に合わない過大な事業になりやすい。そのうえ、地域課題の解決や価値創造に結びつきにくい。さらには、責任の所在は曖昧となり、やりっぱなしになりやすい。それでも、地域は国のカネ(予算)が落ちるので、ひたすら陳情に励む。

こうした国主導型公共事業への依存が高じると、地域の衰退は一気に加速する。地域の課題を直視して問題点を分析し、その解決策を自分たちで導き出す力を喪失してしまうからだ。本来、地域の課題や地域を生かす資源については地域住民がもっともよく熟知しており、その解決策や活用法も、地域の中から見出すべきだ。そうした解決策や活用法を考え、実行に移す主体が地域の中に存在して初めて、限られた税金がより有効に使われることになる。

そうした本来のあるべき姿が、地域(地方政府)・住民主導型公共事業と言える。そのためには、住民同士が地域について冷静に話し合うことが不可欠だ。そうした努力をせずに、国に依存し、丸投げし、委ねる安易な方法をとっているかぎり、地方創生などどうていあり得ない。つまり、国主導型公共事業を地域・住民主導型に大きく転換させることこそが、地域を活性化させる第一歩となる。

生かされなかった「守る会」の代替案

活性化と真逆の道を進んでいるのが、最上小国川の流域ではないだろうか。地域課題である治水対策をめぐり、住民が冷静な話し合いを行わないどころか、いがみ合いが続いた。ダムによる治水とダムによらない治水を主張する双方が、互いに相手の話に耳をふさぎ、会話すら忌避するようになっている。地域内に陰湿な雰囲気が広がる中で、「清流か住民の命か」といった悪意に満ちた論点設定をする人たちも現れた。また、流域全体の課題として捉えずに、単に漁協と洪水エリア（赤倉温泉など）の住民の問題と矮小化する人も少なくなかった。

そして、河川改修による治水対策が最善だと主張し続けた漁協の組合長が自死し、結論が下された。穴あきダムによる治水である。課題解決に結びつくとは考えられない策で、計画した事業の推進に固執し続けた県の担当部局のゴリ押しだ。地域の特性や弱点、そして将来を含めた課題を十分考慮したうえでの選択とは言い難い。

洪水にたびたび見舞われている赤倉温泉は、もともと河原だったところに温泉宿が建てられ、いつしか温泉街が形成されていった特異な地域である。そうした温泉地は他の地域にも存在するが、赤倉温泉の場合は中央を流れる最上小国川の両岸に建物が林立し、右岸・左岸ともに建物が川にせり出している。その数は四軒の旅館を含めて十数戸。河原が完全になくなり、護岸の上に家屋が立つなど、治水対策上あってはならない状態となっている。これらの家屋を後ろに下げる策を、まず講じるべきであろう。

こうした実情も踏まえたうえで練り上げられたのが、「守る会」が作成した代替案である。河川改修による治水対策と赤倉温泉街の再開発をセットにしており、その発想は斬新で合理性に富んでいる。治水と赤倉温泉の再生を同時に目指そうという案で、県の穴あきダム計画よりもずっと創意工夫に満ちている。地域の資源を生かす現実的な提案でもあり、未来を切り開く可能性をも内包していると考える。しかし、ダムに反対する彼らの訴えに耳を傾ける地元の人は少なく、せっかくのアイデアがまったく生かされていない。

地域を変えるためには何が必要なのか

最上小国川ダムに反対する「守る会」のメンバーに対し、流域住民の多くが距離を置いている。なかには敵意をむき出しにする人もいて、ダム反対派に注がれる視線はきわめて冷ややかだ。ダム建設にノーを言い続ける彼らの真意は、いまなお地元住民にきちんと伝わっていない。

地域をより良くしたいという一念で声を上げている彼らが、なぜ、これほどまで嫌われてしまったのか。第8章で紹介した小林守・前最上町議が指摘しているとおりだと思う。やや酷な言い方となるが、彼らは住民運動家が陥りがちな負のスパイラルに嵌《はま》ってしまったようにみえる。

メンバーの多くが、教員や自治体職員、郵便局、旧国鉄などに勤務した、官公労のOBたちだ。年配の男性ばかりで、似たようなタイプだ。彼らは漁協組合員ら地元住民たちにダム事業の無意味さを懸命に説明し、事業への反対を呼び掛けたが、無意識のうちに相手を啓蒙するような態度をとっていたのではないだろうか。上から目線で、住民を説得していたように思う。

地域を変えるための活動でなによりも重要なのは、仲間を増やすことだ。活動すること自体が目的ならば別だが、地域を本当に変えようと思うならば、賛同者を増やさなければならない。そのために行うべきは、説得ではなく、対話を重ねて共感の輪を広げていくことではないか。説得とは自らに理があると思って相手を説き伏せることを意味し、上からの一方通行の説明によるものだ。対等な関係に基づく対話によってのみ得られる共感とは、異なる。

自分たちの考えが絶対正義だと信じて疑わない人は、往々にして自説を声高にまくし立てがちだ。しかも、すべてを伝えようと欲張るので、どうしても長広舌となる。自説を補強するために学習を怠らないので、情報量は膨大となり、使う言葉も専門用語ばかりとなる。あれもこれも相手に伝えようと欲張りすぎるから、かえって何も伝わらなくなってしまう。思いが強すぎ、しかも、攻撃的なので、相手に辟易とされてしまうのである。

情報過多は相手の消化不良を引き起こし、忌避される要因にしかならない。つまり、情報過多は情報不足に如かずなのだ。問題の本質をコンパクトに、かつ、わかりやすく伝えることが重要となる。専門用語や行政用語、行政独特の言い回しなどを安易に使い続けると、その人の体質も行政と同質化してしまうので、要注意。

地域に仲間を増やすには、とにかくいろんな人と会話するしかないのではないか。自説をわかってくれる人にだけ発信していると、ジリ貧になり、結局、わかってくれる人はいなくなる。そうならないためにも、異なる意見を持つ人とも対等な関係をつくれる対話力を身につけねばならない。反対者を論破・攻撃することに、エネルギーを傾注してはならない。なぜなら、そのことに奮闘しても、仲間はまったく増えないからだ。同じようなタイプの人間がかたまっていては、活動は広がらない。

地域をより良く変えるためにもっとも必要なことは、自らを変えることではないか。日本は曲がりなりにも、主権在民の国である。言わずもがなではあるが、われわれ一人ひとりが主権者であり、社会の主体である。そうした社会に税金の不合理で理不尽な使われ方が蔓延しているのは、われわれ主権者がそれを放置しているからにほかならない。税金の無駄遣いとは、本来、主体として動くべき一人ひとりの主権者の怠惰と思考停止の産物なのである。

もはや、こうした恥ずべき状況から目を背け、他人事のように悠長に構えている余裕などない。われわれ一人ひとりが真の主権者に変わらねば、この社会の未来はないと言わざるを得ない状況にまで至っている。

穴あきダムをめぐる山形県の迷走と混迷、紛糾は、主体なき日本社会の悲しき実相を露呈させたものだ。

清流に殉じた沼澤勝善・前組合長のご冥福を改めて祈る。

あとがき

地方自治をテーマに全国津々浦々を取材して回る生活を四半世紀以上、送っている。これまでさまざまな現場に赴き、たくさんの人たちに話をうかがってきた。それゆえ、少々のことでは動じないタフさを身に着けたと自負していた。矛盾の塊である人間の社会が不条理、理不尽、不合理なことで満ちあふれるのは当たり前であり、道理や理屈、正論は隅に追いやられるのが世の習いということもわかっていた。冷静さを失ったり、感情を顕にして取材することなど、記者としてあり得ないことだった。しかし、今回だけは違った。

なぜ、漁協組合長は自ら死を選ばねばならなかったのか。そして、そうした重大事案が世に知らされず、さらには地域内でも忘れ去られたようになっているのは、なぜなのか。徹底的に取材し、何としても全貌を明らかにしたいと思った。あまりにも理不尽な酷い現実を見せつけられ、一個人として黙って見過ごすわけにはいかないと、燃え滾《たぎ》ってしまったのである。

しかし、前のめりとなった取材は難航を極めた。取材対象者の口は一様に重く、琴線に触れる話を聞き出せるまでに四苦八苦した。雪降る中、無人の駅舎で一人、途方に暮れたこともたびたびあった。地域内に深く浸透するもの言わぬ、もの言えぬ空気に、撥ねつけられてしまったのである。こうして時間だけが経過し、上梓までに四年もの歳月を要することになった。取材だけでなく、出版にも大きな壁が立ちはだかったからだ。

本書のメインテーマはダム建設の是非ではなく、自然環境の保全を訴えるものでもない。最上小国川ダム問題という具体的な事案を提示し、読者の皆様に自治のあり方、税金の使い方、そして、主権者とは何かなどを問いかけ、考察していただくことを主眼とした。日本は主権在民を掲げた民主主義国家だが、はたしてその実相はどうか。特定の人たちが社会の流れをつくり出し、異論を封じ込めて、自分たちの都合の良い方向へとコントロールしていないか。

そうした強い者への忖度や迎合、追従、沈黙は最上小国川流域に限らず、日本の各地域に広がっているのではないか。しかも、大きな流れとなって。つまり、草の根の非民主主義の進行である。沼澤組合長はそうした日本社会の危うい濁流に真正面から抗いながら、力尽きてしまい、清流に殉じたと思えてならない。

最後に、本書の出版はクラウドファンディングでの御支援によって実現できました。ご寄付いただいた全国の皆様に心より感謝申し上げます。また、発表の場を与えてくださった出版社コモンズの大江正章さんと浅田麻衣さんに、心より感謝申し上げます。

二〇一八年一月

相川俊英

【著者紹介】

相川俊英（あいかわ・としひで）

1956年、群馬県に生まれる。

早稲田大学法学部卒業。地方自治ジャーナリスト。

主著＝『地方議会を再生する』(集英社新書、2017年)、『奇跡の村――地方は「人」で再生する』(集英社新書、2015年)、『反骨の市町村――国に頼るからバカを見る』(講談社、2015年)、『トンデモ地方議員の問題』(ディスカヴァー携書、2014年)、『長野オリンピック騒動記』(草思社、1998年)など。

清流に殉じた漁協組合長
二〇一八年二月五日　初版発行
著　者　相川俊英

発行者　大江正章
発行所　コモンズ
東京都新宿区西早稲田二-一六-一五-五〇三
TEL(〇三)六二六五-九六一七
FAX(〇三)六二六五-九六一八
振替　〇〇一一〇-五-四〇〇一二〇
info@commonsonline.co.jp
http://www.commonsonline.co.jp/
印刷・東京創文社／製本・東京美術紙工
乱丁・落丁はお取り替えいたします。
ISBN 978-4-86187-147-4 C 0095